工程造价管理研究前沿丛书

工程造价信息化建设战略
研究报告

Research Report of Strategy Informatization
for Construction Cost Engineering

中国建设工程造价管理协会　主编

中国建筑工业出版社

图书在版编目（CIP）数据

工程造价信息化建设战略研究报告/中国建设工程造价
管理协会主编. —北京：中国建筑工业出版社，2017.8
（工程造价管理研究前沿丛书）
ISBN 978-7-112-21181-4

I.①工… II.①中… III.①工程造价—信息管理—研
究报告 IV.①TU723.3

中国版本图书馆CIP数据核字（2017）第218575号

责任编辑：赵晓菲 张智芊
责任校对：焦 乐 王雪竹

工程造价管理研究前沿丛书
工程造价信息化建设战略研究报告
中国建设工程造价管理协会 主编
*
中国建筑工业出版社出版、发行（北京海淀三里河路9号）
各地新华书店、建筑书店经销
北京京点图文设计有限公司制版
北京云浩印刷有限责任公司印刷
*
开本：787×1092毫米 1/16 印张：13¾ 字数：177千字
2017年10月第一版 2017年10月第一次印刷
定价：80.00元
ISBN 978-7-112-21181-4
　　　（30662）
版权所有 翻印必究
如有印装质量问题，可寄本社退换
（邮政编码 100037）

编写单位及人员

主要完成单位： 中国建设工程造价管理协会

重庆大学建设管理与房地产学院

主要编写人员： 张兴旺　竹隰生　叶坤晖　毛　超　王舒琪

朱宝瑞　王玉珠　杨海欧

主要审查人员： 吴佐民　周　杰　岳　辰　李　萍

工程造价行业信息化是指工程造价行业利用信息技术，开发和利用工程造价信息资源，建立各种类型的数据库和管理系统，实现行业内各种资源、要素的优化与重组，提升行业现代化水平的过程。工程造价行业信息化是国家信息化建设的有机组成。目前，我国工程造价信息化已经具备了良好的发展环境，国家信息化战略为工程造价信息化建设提供基本思想和方向，全球信息化发展趋势为工程造价信息化的推动提供强劲的动力，大数据时代的到来为工程造价信息化的发展带来无限契机和挑战。

然而，总体而言，我国工程造价信息化还处于发展的初级阶段，仍然缺失国家或行业层级专门针对工程造价信息化的发展战略的研究和规划。我国工程造价信息化建设的总体目标、阶段目标是什么？信息化建设涉及的各类主体如何进行角色定位？职能如何分工？工程造价信息化技术标准都包括哪些类型？这些技术标准的建设目标和时序是什么？应当由谁牵头建设？工程造价信息化平台的类型如何划分？这些平台的建设运营模式是什么？是否需要建设全国统一的工程造价信息库？政府需要建设哪些数据库、信息库？政府是以宏观管理者的角色建设相应的信息库，还是以国有项目的业主的身份建设相应的信息库？……这些问题均缺乏针对性的系统研究。

正是因为缺乏这些研究和规划，导致我国当前工程造价信息化建设存在很多的问题。例如，尽管很多地方政府针对工程造价信息的收集、发布、信息员管理、计价依据动态管理和市场调节等内容出台了很多地方规章、政策性文件和数据标准，但是这些规章、文件、标准规范的系统性、完整性、严密性、实施效果等均存在较多问题；尽管我国已经建立了国家级的建设工程造价信息网，几乎所有的省份也建立了地方建设工程造价信息网，但是这些网站能提供的信息服务、功能设置、运行状态等均存在较大差距，网站间尚无法实现造价信息的共享互通，信息收集困难、准确度不足、全面性不够、深加工程度低等仍是这些网站、平台发展的障碍；尽管工程造价管理软件种类丰富，但一些前沿的信息技术运用情况却仍不理想。

鉴于此，2013年，"工程造价信息化建设战略研究"纳入住房和城乡建设部标准定额司课题研究计划，课题拟站在宏观的行业视角对我国工程造价信息化的战略系统框架进行搭建，从组织、技术标准、信息化平台等方面为我国的工程造价信息化建设作出相应的战略规划。

2013年8月，中国建设工程造价管理协会（以下简称"中价协"）与重庆大学建设管理与房地产学院联合组建了课题组，并于2013年8～12月进行了课题基础研究，制定了课题大纲。2013年12月13日，课题组在重庆召开"工程造价信息化建设战略研究"课题大纲及主要研究内容的审查会会议，明确了课题的研究技术路线、研究内容、主要纲目、进度计划等。2013年12月至2014年3月，课题组走访了北京、上海等地的工程造价咨询企业，对工程造价咨询企业领导、员工及行业主管部门进行了问卷调查，访问了重庆典型工程造价咨询企业，请行业专家就工程造价信息网有关问题进行了探讨，并根据问卷、文献等资料梳理了工程造价信息化建设的现状和问题、对比了国内外工程造价信息化发展情况以及分析了工程造价信息化的发展环境。2014年3月26日，课题组向中价协进行了课题成果中期汇报。2014年4～8月，课题组采用工作坊、案例研究、专家访谈、理论分析与逻辑推理等形式对各章节内容进行深入研究和探讨，并于 2014 年 8 月形成课题征求意见稿。2014 年 9 ~ 10 月，课题组对研究成果不断改进和提升，并为结题汇报做充分准备。2014 年 10 月 15 日，中价协于北京召开了"工程造价信息化建设战略研究课题审查会"，会上各专家对课题提出了许多宝贵的补充和修改意见，会后，课题组根据专家意见对课题成果进行了修改和完善，形成了课题的研究报告。2015 年 1 月 27 ~ 28 日，中价协邀请工程造价咨询企业、行业主管部门、软件开发企业等在重庆召开了《工程造价信息化战略研究成果发布及研讨会》。

课题初步搭建了整个工程造价信息化的战略系统框架，从组织体系、保障制度体系、技术标准体系、信息化平台四个方面为我国的工程造价信息化建设作出了相应的战略规划，并对造价信息化的目标体系进行了研究，期望对工程造价咨询行业的信息化建设有一定的指导意义，为工程造价咨询行业的健康、可持续发展提供必要的支持。

当前我国信息化发展日新月异，课题结束后，课题组保持对工程造价行业信息化发展的动态关注，对 2015 年、2016 年国家和地方发布的与工程造价信息化建设有关的政策文件进行梳理、补充，并结合近一两年行业信息化发展诸多变化，如造价指标的共享、行业信息平台的建设、互联网 + 工程管理的发展等，对课题报告进行了不断的更新和补充。

鉴于行业变化迅速，课题组的能力和资源有限，报告虽经多番修改，但疏漏、不当和笔误在所难免。诚望广大行业人士、专家学者不吝赐教，提出宝贵的修改意见与建议。

《工程造价信息化建设战略研究》课题组

目　录

目　录

目　录

目　录

第1章 绪 论

1.1 课题研究的背景、目的和意义

1.1.1 课题研究的背景

近年来，随着社会主义现代化建设的快速发展，我国在固定资产投资、基础设施建设领域投入巨大，工程造价作为我国建筑领域发展中的一项重要的基础性工作，无疑会产生大量的工程数据，这些具有潜在价值的数据无法仅仅依靠人工来准确分析和处理，这使得其越来越依赖于信息技术。

从20世纪90年代之前以工具软件为代表，到90年代中期以"工具软件+互联网"为依托，再到21世纪初以"工具软件+互联网+造价管理软件"为主轴，我国工程造价信息化建设硕果累累。在此过程中，预算编制逐渐采用信息技术，各地造价主管部门建立了工程造价信息网，出现了造价咨询企业管理系统、造价控制管理系统、执业教育培训系统、人员与资质管理系统等，我国工程造价信息化建设得到了快速发展。然而，相对于工程造价咨询行业的发展而言，其进展速度还是过于缓慢，造价信息资源开发利用水平和共享水平较低，造价咨询企业的信息化建设仍处于起步阶段，工程造价信息化进程中还存在诸多问题。

（1）工程造价信息化的认识问题。多数人似乎已经认同造价信息化的重要性，但在实践中仍然处于被动状态，造价信息化的相关工作未能排上议事日程。由于造价信息化前期需要投入大量的资金和人力，而其产生的效益往往并不直观，许多隐性效益不易察觉，因此，人们对造价信息化建设需要的人力和财力估计出现偏差，导致投入的资源严重不足。

（2）工程造价信息化建设的规划问题。目前，我国并没有对工程造价信息化建设进行统一规划，而工程造价信息化建设是一项系统工程，需要主管部门制定统一的工程造价信息化发展规划，明确行业信息化发展的方向、内容、重点及阶段目标等，避免出现各自为政、重复开发的现象。

（3）工程造价信息加工问题。我国已经发布了一些工程造价信息数据标准和工程造价信息交流共享标准，但大都比较粗放简单，针对的多是数据的分类、编码、收集表格的标准化、造价信息名称、字段类型、数据类型、计算精度等，信息加工仍缺乏足够的技术支持，致使信息资源加工的工作量大准确率低；同时，工程造价信息的收集与处理没有统一的标准和格式，导致信息加工混乱。因此，工程造价信息化建设需要完善标准体系。

（4）工程造价软件问题。工程造价软件的应用水平较低，全过程造价管理软件系统的应用尚未普及，企业管理软件的应用水平有待提高，行业缺乏造价信息统一的标准和平台。

（5）工程造价信息网存在的问题。目前，我国各地工程造价信息网已纷纷建立起来，但其内容比较单一，管理界限不明确，相互之间缺乏沟通，致使行业信息集成度低。

（6）工程造价信息化建设人才发展的问题。我国工程造价行业没有专门的信息化人才培训机构和培训计划，缺乏既懂造价专业又熟悉信息技术的复合型人才,信息资源开发人员的行业地位不确定,且未能纳入行业管理的范畴,导致从事造价信息化建设的人才缺乏。

分析上述工程造价信息化进程中的问题,其主要原因是工程造价信息化建设缺乏统一的规划,早期的造价信息化建设是各个层级的自我行为,未站在国家的角度、战略的高度进行全局规划。随着国家信息化战略的实施、信息技术和工程量清单模式的广泛应用、建筑市场的进一步开放以及工程造价咨询行业的改革,重新思考和定位工程造价信息化建设的方向与战略,尤其重要。

1.1.2 课题研究目的和意义

1. 课题研究目的

课题通过问卷调查、文献研究、专家访谈、案例分析、理论分析和逻辑推理等研究方法实现以下研究目的:

(1) 通过我国工程造价信息化建设的现状、问题及国内外造价信息化的对比研究,并结合我国目前所处的政治、经济、市场环境,制定工程造价信息化建设战略的总体框架。

(2) 通过设立工程造价信息化建设的总目标,再以设定的总目标为导向,从工程造价信息化建设不同阶段需完成的核心工作入手,按照其内在的层次关系和逻辑关系设定阶段目标,形成一个完善的工程造价信息化目标体系。

(3) 通过研究工程造价信息化建设各主体的角色定位,科学分析各主体在信息化建设中的职能与分工,建立工程造价信息化建设的组织体系。

(4) 总结政府、外部市场和企业内部三个层面的工程造价信息化障碍因素及驱动因素并进行问卷调查,利用数学方法提取关键障碍和驱动力，对应制定扫除障碍和最大化驱动力的制度体系。

（5）从工程造价信息化战略规划研究的角度，对各类工程造价信息化技术标准的内涵、建设目的、主要内容等进行相应的分析，对工程造价信息化技术标准建设规划做出框架式梳理。

（6）根据各类造价信息化平台的建设运营模式的自身特点，从投资模式、经营模式、盈利模式、生产模式等角度分别进行分析，制定出工程造价信息化平台建设规划。

2. 课题研究意义

工程造价信息化建设具有广泛的现实意义。对政府而言，工程造价信息化有利于政府对行业的宏观把控和监督，实现全方位、科学的工程造价管理，促进工程造价信息资源共享和资源节约型社会建设；对工程造价咨询行业而言，工程造价信息化有利于推进行业改革与发展，实现行业管理高效化、现代化、标准化、规范化；对工程造价咨询企业而言，工程造价信息化有利于提高企业管理水平和服务水平，提升综合竞争力；对工程项目而言，工程造价信息化有利于实现项目精细化控制和科学规划，提高项目的投资效益；对从业人员而言，工程造价信息化有利于本专业人员获取全面的造价信息，避免不必要的重复工作，提高工作效率和工作成果。

课题的研究核心是工程造价信息化建设的战略框架，并以工程造价信息化建设战略框架为中心展开，分别从工程造价信息化的制度体系、组织体系、技术标准体系、平台规划四个方面进行深入研究，它明确了工程造价信息化建设的总体部署，指导工程造价信息化建设的实践行为，为工程造价咨询行业的改革和发展提供参考，最大限度地满足工程造价咨询行业的可持续发展。

1.2 课题研究的内容和方法

1.2.1 课题研究的内容

根据课题的研究思路，将课题主要研究内容分为八个部分：

1. 工程造价信息化发展现状及存在的问题

现状的梳理、总结是发现问题的关键环节，也是后续研究的基础。课题通过文献研究和专家访谈归纳总结我国工程造价信息化建设和发达国家工程造价信息化发展的现状，提取发达国家可借鉴的经典模式和方案，分析工程造价信息化建设中存在的问题，以便从中寻找研究的切入点，确定研究的方向。

2. 工程造价信息化发展环境分析

课题将从国家信息化战略、全球信息化发展趋势、我国工程造价相关行业发展环境、基于大数据时代的工程造价信息化等方面分析我国工程造价信息化建设的环境，拟证明我国已经具备良好的工程造价信息化建设环境。

3. 工程造价信息化建设的目标体系

目标是后续研究的行动指南，所有工作必须围绕既定的目标开展，各主体有不同的目标，由此便产生了目标体系。课题首先研究工程造价信息化建设的总目标，以把握工程造价信息化建设的方向和总体思路，再从工程造价信息化建设不同阶段需完成的核心工作入手设定阶段目标，同时，分析各阶段目标之间及其与总目标之间的联系与区别，最终形成完善的目标体系。

4. 工程造价信息化的战略支撑体系

工程造价信息化战略支撑体系是从宏观层面对工程造价信息化建设

进行战略规划，以期指导工程造价信息化建设的实践行为。课题将工程造价信息化战略支撑体系划分为组织体系、制度体系、技术标准体系、信息化平台四个子体系，他们共同支撑工程造价信息总目标的实现。

5. 工程造价信息化建设的组织体系

组织体系是保证工程造价信息化建设得以顺利进行的基石。课题结合工程造价咨询行业的管理组织框架，探索工程造价信息化建设的组织体系，分析政府、工程造价行业协会、工程造价咨询企业及研究机构等在工程造价信息化建设中的角色定位和职能分工，回答"工程造价信息化建设由谁主导？由谁监督？由谁支持？各建设主体的职能是什么？"等问题。

6. 工程造价信息化建设保障制度体系

制度体系是工程造价信息化建设最根本的保障支撑体系，建立制度体系的根本目的是扫除工程造价信息化建设的障碍，保障工程造价信息化的顺利实施。制定造价信息化保障制度的前提是厘清工程造价信息化建设的障碍因素和驱动因素，课题将通过文献综述、专家访谈、问卷调查等方式识别工程造价信息化建设的障碍因素及驱动因素，提取关键障碍因素和驱动因素，对应制定扫除障碍和最大化驱动力的制度体系。

7. 工程造价信息化技术标准建设规划

工程造价信息化建设离不开关键要素——工程造价信息。工程造价信息化技术标准体系的研究，首先需要解决什么是工程造价信息，工程造价信息如何分类；其次解决工程造价信息化技术标准体系包含哪些类型，各类型技术标准有什么作用，其建设现状如何，应包含哪些具体的标准；最后对工程造价信息化技术标准的建设进行规划，解决建设目标与时序、建设主体、标准的分类管理等问题。

8. 工程造价信息化平台建设规划

工程造价信息化平台是各种工程造价相关信息的数字化、网络化存在方式，是在工程造价行业领域为信息化的建设、应用和发展而营造的环境。课题首先根据工程造价行业不同的服务对象划分工程造价信息化平台的类型，分析各类型平台扮演的角色以及相互之间的关系，然后研究各类信息化平台适用的建设运营模式，分别对"谁投资建设、谁运营管理、何种盈利模式、信息如何生成"等问题进行研究，以期通过工程造价信息化平台的规划，更好地推动我国工程造价信息化建设。

1.2.2 课题研究的方法

课题研究过程中采用了以下研究方法：

1. 文献研究

通过网络资源、高校图书馆网络数据库资源、校图书馆馆藏图书等方式广泛参阅文献，全面了解国内外工程造价信息化建设的现状和我国造价信息化建设存在的问题，借鉴国内外在市场化背景下工程造价信息化建设方面的最新有效成果，探索适合我国工程造价信息化发展之路。

2. 问卷与访谈

通过对工程造价咨询行业主管部门、工程造价咨询企业的问卷调查及专家访谈，搜集行业主管部门、专家和企业在市场化背景下，对工程造价信息化建设的意见和建议，根据调查结果分析当前我国工程造价信息化建设的现状和存在的问题、造价信息化建设的障碍因素和驱动因素、造价信息化技术标准体系建立等。

3. 定性与定量相结合

通过提取国家信息化部门、工程造价咨询行业及其相关行业的官方数据，对与国家信息化战略、全球信息化发展趋势、我国工程造价相关行业发展环境等方面相关的数据进行统计，采用数学模型进行分析，证明我国工程造价信息化建设已具备良好的环境。

4. 归纳总结

对工程造价信息化建设的政策法规现状进行分类归纳，分析和总结出政策法规的不足，为工程造价信息化制度体系的建立奠定基础；对已发布的工程造价信息化技术标准进行归纳，总结现有的标准的不足，提出应该建立哪些类型的标准。

5. 理论分析和逻辑推理

此研究方法是贯穿整个课题研究的核心方法，课题将管理学、组织行为学、信息论、控制论、系统论、制度化等理论，与工程造价信息化建设相结合，进行理论分析与逻辑推理，以期构建能指导工程造价信息化建设的战略框架，并对工程造价信息化战略支撑体系及其子体系进行全面分析和推理。

第2章 工程造价信息化发展现状与问题

2.1 我国工程造价信息化发展回顾与发展现状

2.1.1 我国工程造价信息化发展回顾

从20世纪50年代至今,我国工程造价管理事业从无到有、从小到大,经历了三次明显的变革,实现了跨越式发展。在这个发展过程中,产生出许多如表2-1所示的标志性事件。

我国工程造价信息化发展阶段　　　　　　　　表2-1

阶段\\发展轴	20世纪90年代前	20世纪90年代中期	21世纪初
计量计价技术的发展	人工计算或借助简单的工具	专用计价软件	图形算量
定额管理信息化	建设主管部门授权,收集、分类、分析、整理建材价格资料,发布建设工程的材料差价调整系数等文件形式	创刊了省市《工程造价管理》期刊,每季度向社会发布建设工程市场指导价、建筑安装工程造价指数和三材价格指数	定额管理软件
信息获取方式	翻阅纸质的工程计价信息	查阅电子期刊或网上查阅信息	自动上价(计价软件挂载信息系统)

发展轴 　　　　　阶段	20 世纪 90 年代前	20 世纪 90 年代中期	21 世纪初
全过程造价管理	只注重施工阶段的造价管理，对前期阶段的造价管理考虑不多		服务于工程建设参与各方的全过程工程造价管理软件不断出现

　　20 世纪 90 年代前，出现了以工具软件为代表的初步信息化，是以单一功能的工具性软件应用为主要特征的发展阶段，表现为预算软件的出现和应用。20 世纪 90 年代中期，实现了以"工具软件 + 互联网"为依托的造价信息化，是以互联网技术初步应用为主要特征的发展阶段，开始出现社会化的造价信息数据。21 世纪初，形成以"工具软件 + 互联网 + 造价管理软件"为主的造价信息化，是以管理性软件系统初步应用为主要特征的阶段，一些企业开始尝试利用计算机和网络技术提高业务管理水平，出现了定额管理软件以及服务于工程建设参与各方的全过程工程造价管理软件。

　　我国工程造价信息化是围绕计算机技术、信息技术、造价改革与发展等脉络而不断向前发展的。随着信息技术的日新月异，我国工程造价信息化在短短的十余年里就经历了两个阶段的飞跃。未来，信息化必将在工程造价行业里发挥着越来越重要的作用。

2.1.2　我国工程造价信息化发展现状

1. 工程造价信息化发展战略

　　信息化是当前世界各国的发展趋势之一，是推动经济社会变革的重要力量。近年来，我国政府越来越重视信息化发展问题，陆续出台各种信息化发展战略，比如：

（1）中央办公厅、国务院办公厅 2006 年印发的《2006—2020 年国家信息化发展战略》，通过分析全球信息化发展方向和我国信息化发展形势，给出了我国信息化发展的指导思想和战略目标，提出了覆盖我国现代化建设全局的信息化发展战略举措。

（2）2016 年发布的《国家信息化发展战略纲要》提出以信息化驱动现代化为主线，以建设网络强国为目标，着力增强国家信息化发展能力，着力提高信息化应用水平，着力优化信息化发展环境。

（3）2011 年发布的《中华人民共和国国民经济和社会发展第十二个五年规划纲要》，提出要推动信息化和工业化深度融合，推进经济社会各领域信息化，全面提高信息化水平，要制定信息基础设施构建和网络信息保障。

（4）2016 年发布的《中华人民共和国国民经济和社会发展第十三个五年规划纲要》提出牢牢把握信息技术变革趋势，实施网络强国战略，加快建设数字中国，推动信息技术与经济社会发展深度融合，加快推动信息经济发展壮大。加快构建高速、移动、安全、泛在的新一代信息基础设施，推进信息网络技术广泛运用，形成万物互联、人机交互、天地一体的网络空间。实施"互联网 +"行动计划，促进互联网深度广泛应用，带动生产模式和组织方式变革，形成网络化、智能化、服务化、协同化的产业发展新形态。把大数据作为基础性战略资源，全面实施促进大数据发展行动，加快推动数据资源共享开放和开发应用，助力产业转型升级和社会治理创新。

（5）住房城乡建设部出台的《建筑业发展"十二五"规划》，提出要全面提高行业信息化水平，重点推进建筑企业管理与核心业务信息化建设和专项信息技术的应用，建立涵盖设计、施工全过程的信息化标准体系，加快关键信息化标准的编制，促进行业信息共享。

（6）住房城乡建设部颁布的《2011-2015 年建筑业信息化发展纲要》，提出要针对企业信息化建设、专项信息技术应用、信息化标准三个层面制定发展目标、明确发展重点；要求从住房和城乡建设主管部门、行业协会、企业三个层面研究保障措施的制定。

（7）《2016—2020 年建筑业信息化发展纲要》提出"十三五"时期，全面提高建筑业信息化水平，着力增强 BIM、大数据、智能化、移动通信、云计算、物联网等信息技术集成应用能力，建筑业数字化、网络化、智能化取得突破性进展，初步建成一体化行业监管和服务平台，数据资源利用水平和信息服务能力明显提升，形成一批具有较强信息技术创新能力和信息化应用达到国际先进水平的建筑企业及具有关键自主知识产权的建筑业信息技术企业。

（8）住房城乡建设部标准定额司发布的《工程造价行业发展"十二五"规划》提出，要立足工程造价行业特色，明确"十二五"期间工程造价行业信息化发展的主要任务，包括建立和完善工程造价信息要素收集、发布相关制度和工程造价信息数据标准，推进工程造价信息化系统建设；开展造价指数研究和发布工作；加强人工、材料、施工机械等要素价格发布制度建设，完善工程造价指标指数的信息发布工作。

（9）住房城乡建设部标准定额司发布的《工程造价行业发展"十三五"规划》提出，以 BIM 技术为基础，以企业数据库为支撑，建立工程项目造价管理信息系统；BIM 与造价技术要深度融合，开发基于 BIM 技术的造价管理系统；咨询企业最大的价值不是业务量而是积累的历史数据，应该挖掘数据价值。

2. 工程造价信息化相关政策法规现状

目前，我国尚未出台专门针对工程造价信息化的法律、法规和部门规章，建筑行业现有的主要法律、法规和部门规章中也基本没有关于工程造价信息化的相关规定和要求。

在住房城乡建设部层面，专门针对工程造价信息化的政策性文件并不多，最主要的当属 2011 年 6 月发布的《关于做好建设工程造价信息化管理工作的若干意见》（建标造函〔2011〕46 号）。该文件针对我国建设工程造价信息化管理中的政府部门职能分工、信息化平台建设、工程造价数据管理等问题提出了若干意见。此外，标准定额司委托标准定额研究所编写并分别于 2010 年 4 月和 8 月公布了《建设工程造价信息管理办法》（征求意见稿）和《建设工程造价数据积累管理办法》（征求意见稿）。其中，前者对工程造价信息管理机构及工作职责、工程造价信息内容及分类、信息收集整理审核上报发布的要求及标准、工程造价信息平台建设、网络和安全管理、监督检查和培训考核等内容进行规定；后者对工程造价数据管理机构及工作职责、建设工程造价数据积累的原则及编码规则、建设工程造价数据的内容和积累方法等内容进行规定。但是，时至今日这两份文件仍未见正式版本。

在地方层面，根据网络不完全统计，自 2004 年起的十余年间，甘肃、安徽、宁夏出台了地方法规《建设工程造价管理条例》，浙江、辽宁、青海、江苏、海南、广西、陕西、湖北、河北、贵州、福建、广东等 20 个省份出台了《建设工程造价管理办法》（其中浙江、辽宁、青海、江苏、海南、广西、陕西、湖北、新疆、湖南、吉林、内蒙古、山东出台的《建设工程造价管理办法》为省级人民政府颁布的地方规章，河北、贵州、天津、河南、江西、福建、广东的《建设工程造价管理办法》则为由地方建设行政管理部门出台的政策性文件），北京市住房和城乡建设委员会出台了《北京市建设工程造价管理暂行规定》，重庆市人民政府出台了《重庆市建设工程造价管理规定》，上海市住房和城乡建设委员会出台了《上海市工程造价管理"十三五"规划》。这些文件都涉及关于工程造价信息化的若干规定或要求，如规范工程造价信息的上报和发布方式，建立工程造价信息平台、工程造价基础数据库、工程造价咨询企业和工程造价执业人员资料库等。

除此之外，多个省份的建设行政管理部门或造价管理机构出台了有关工程造价信息管理、工程造价信息平台建设与管理、造价信息员管理、工程造价软件管理、工程造价数据积累等政策性文件。例如：《黑龙江省建设工程造价信息管理办法》、《山西省建设工程造价信息动态管理办法》、《甘肃省建设工程造价信息管理办法》、《宁夏建设工程人工、材料、施工机械台班价格采集信息员工作制度》、《重庆市建设工程造价信息员管理办法》、《青海省建设工程造价动态信息发布使用办法》、《四川省建设工程造价数据积累实施办法》、《云南省建设工程造价计算机软件管理办法》等，这些文件主要聚焦于工程造价信息的收集、发布、信息员管理、计价依据动态管理和市场调节等内容。为此，课题组梳理了我国工程造价信息化相关政策法规，详见表2-2。

需要说明的是，通过对上述政策文件的梳理，对"中国建设工程造价信息网"中工作动态和规范性文件的查询，我们发现与工程造价信息化相关的政策文件和相关会议、通知，绝大部分是有关造价信息上报、信息质量和信息员管理的内容。这一方面说明地方政府重视造价信息的收集管理工作，通过建立信息上报制度、规范信息员管理等方式，提升造价信息服务质量；另一方面也说明当前造价信息收集方面存在阻碍，需要政府不断采取奖惩措施或行政手段，推动造价信息的收集。

表 2-2

我国工程造价信息化相关政策法规梳理

层级	文件名称	发文字号	发布时间	发布机构	目的	相关主要内容
住房城乡建设部	建设工程造价信息管理办法	(征求意见稿)	2010年4月	住房城乡建设部标准定额研究所(受住房城乡建设部标准定额司委托)	促进建设工程造价信息化工作、规范建设工程造价信息管理行为	拟提出管理机构及工作职责,建设工程造价信息,建设工程造价信息平台建设、网络和安全管理、监督检查和培训考核等相关规定
	建设工程造价数据积累管理办法	(征求意见稿)	2010年8月	住房城乡建设部标准定额研究所(受住房城乡建设部标准定额司委托)	规范建设工程造价数据积累、实现建设工程造价数据资源的科学积累和有效利用	拟提出管理机构及工作职责,建设工程造价数据积累的内容,积累的原则及编码规则,建设工程造价数据的采集和积累方法
	关于做好建设工程造价信息化管理工作的若干意见	建标定函[2011]46号	2011年6月	住房城乡建设部标准定额司	加强建设工程造价信息化管理工作,为建设工程造价的合理确定与有效控制提供信息化服务	明确建设工程造价信息化管理工作的目标和分工,并简要提出了加强数据库建设建设以规范数据管理的建议
地方	建设工程定额管理办法	建标[2015]230号	2015年12月	住房城乡建设部	为规范建设工程定额管理,合理确定和有效控制工程造价,更好地为工程建设服务	各主管部门应编制和完善相应的定额体系表,对新型工程造价管理机构现代化、绿色建筑、建筑节能等建设新要求,应及时制定新定额
	湖南省建设工程造价管理办法	湖南省人民政府令第192号	2004年11月	湖南省人民政府	加强建设工程造价管理,规范建设工程造价计价行为,合理确定和有效控制工程造价	省工程造价管理机构编制建设项目的人工、材料、设备、施工机械消耗量指标,设区的市、自治州、县(市)工程造价管理机构采集并公布本行政区域人工、材料、施工机械台班价的市场价格和间接费费率、施工企业平均利润率、工程造价平均指数、材料价格变化趋势等造价信息

续表

层级	文件名称	发文字号	发布时间	发布机构	目的	相关主要内容
地方	河南省建设工程造价计价管理办法	豫建标 [2005] 90号	2005年 10月	河南省建设厅	规范建设工程造价计价行为，维护建设工程各方当事人的合法权益，确保建筑工程质量安全，促进建筑市场的健康发展	省、市工程造价管理机构，应当及时采集整理并公布人工、材料、施工机械台班的市场价格，工程造价指数、材料价格变化趋势等造价信息，为各类建设工程造价提供计价参考
	河北省建筑工程造价管理办法	冀建法 [2006] 003号	2006年 1月	河北省建设厅	规范建筑工程造价计价活动，合理确定和有效控制工程造价，维护建筑工程承发包双方的合法权益	造价管理机构应当定期采集、整理和发布有关建筑工程的材料、人工、机械台班的价格，收集整理工程造价指数、造价指数等造价信息
	贵州省建设工程造价计算机软件管理办法	黔建施通 [2006] 67号	2006年 3月	贵州省建设厅	加强工程造价管理，合理确定和有效控制工程造价	对建筑安装工程造价实行动态管理，建立定额和技术经济指标、造价信息网，收集整理通用工程建设的人工、材料、设备、机械、税费的价格信息，预测和发布工程造价的调整系数和指数
	云南省建设工程造价计价软件管理办法	云南省建设厅公告第4号	2006年 3月	云南省建设厅	规范建设工程造价计价行为，加强工程造价计算机软件管理，加快工程造价行业信息化进程	已完成通用工程造价软件的原始数据库及技术情报信息，加强工程造价软件的监督管理工作，实行工程造价软件评定制度
	新疆维吾尔自治区建设工程造价管理办法	新疆维吾尔自治区人民政府令第138号	2006年 5月	新疆维吾尔自治区人民政府	加强建设工程造价管理，规范工程造价计价行为，合理确定和有效控制工程造价	工程造价管理机构及时采集并公布本行政区域内人工、材料、施工机械台班的市场价格和造价指数，材料价格变化趋势等信息，为各类建设工程造价提供计价参考

续表

层级	文件名称	发文字号	发布时间	发布机构	目的	相关主要内容
地方	甘肃省建设工程造价管理条例	甘肃省人大常委会第 51 号	2007 年 7 月	甘肃省人民代表大会常务委员会	规范建设工程造价计价行为，合理确定和有效控制建设工程造价，保证建设工程质量和安全，维护工程建设各方的合法权益	建设工程造价管理机构应当建立健全建设工程造价的各项制度、完善工程造价信息管理，及时采集、整理和发布工程造价信息
	湖北省建设工程造价管理办法	湖北省人民政府令第 311 号	2007 年 11 月	湖北省人民政府	加强建设工程造价管理，规范建设工程造价计价行为，合理确定和有效控制工程造价，维护工程建设各方合法权益	各级工程造价管理机构及时采集并发布人工、材料、施工机械及班组的市场价格和工程造价平均指数，价格变化趋势等造价信息，为各类建设工程造价提供计价参考
	陕西省建设工程造价管理办法	陕西省人民政府令第 133 号	2008 年 3 月	陕西省人民政府	加强建设工程造价管理，规范建设工程造价计价行为，合理确定工程造价，维护工程建设各方的合法权益	建设工程造价管理机构建立建设工程造价数据库、定期发布本行政区域内人工、材料、施工机械合理的市场价格、建设工程造价的指数等造价信息；应当建立工程造价咨询、招标代理机构信用档案
	广西壮族自治区建设工程造价管理办法	广西壮族自治区人民政府令第 43 号	2008 年 9 月	广西壮族自治区人民政府	规范建设工程造价管理，维护建设工程各方的合法权益	建设工程造价管理机构收集、整理工程造价相关资料，公布造价信息；建设工程造价电子数据规范，为建设工程造价提供电子数据标准
	黑龙江省建设工程造价软件管理办法	黑建造价〔2008〕14 号	2009 年 1 月	黑龙江省建设工程造价管理总站	为进一步规范工程造价计价软件应用软件管理，提高造价软件计算科学性和准确性，维护建设工程计价依据的严肃性	对工程造价软件技术测评及其申请和受理、工程造价软件技术测评合格证书有效期、续期技术测评需提交的材料作了明确规定

续表

层级	文件名称	发文字号	发布时间	发布机构	目的	相关主要内容
地方	建设工程造价信息动态管理办法	晋建标[2009]393号	2009年8月	山西省住房和城乡建设厅	规范建设工程造价计价行为，确保建设工程造价信息及时、准确、客观地反映市场价格变化情况	对造价信息进行分类和定义，明确陕西省及下属区市造价管理机构的工作职责，制定人材机价格的收集、整理、上报方式
	宁夏回族自治区建设工程造价管理条例	宁夏回族自治区人民代表大会常务委员会第63号	2009年9月	宁夏回族自治区人民代表大会常务委员会	加强建设工程造价管理，合理确定和有效控制工程造价，维护工程建设各方的合法权益	明确造价依据，有序造价控制，规范从事建设工程造价咨询企业和个人的行为，落实监督检查和法律责任
	黑龙江省建设工程造价信息管理办法	黑建造价[2009]20号	2009年11月	黑龙江省住房和城乡建设厅	规范建设工程造价信息的搜集、整理、发布行为，指导工程建设各方合理确定工程造价	明确工程造价信息的内容，以及信息的采集、发布方式
	江西省建设工程计价管理办法	赣建宇[2010]3号	2010年3月	江西省住房和城乡建设厅	规范建设工程计价行为，完善政府宏观调控和市场形成工程造价机制	遵循政府宏观调控下的市场形成价格的原则，明确工程合同价款的约定、工程计量与号价支付，赔与现场签证、工程价款调整、工程结算、工程计价争议处理等内容
	海南省建设工程造价管理办法	海南省政府令第228号	2010年4月	海南省人民政府	加强建设工程造价管理，规范建设工程造价计价行为，合理确定和有效控制工程造价，维护工程建设各方的合法权益	省建设工程造价管理机构及时采集并公布本省行政区域人工、材料、施工机械台班的市场价格，建设工程造价指数、材料价格变化趋势等造价信息，建设行政主管部门建立建设工程造价咨询企业和造价专业人员信用档案，并向社会公示

续表

层级	文件名称	发文字号	发布时间	发布机构	目的	相关主要内容
	天津市建设工程造价管理办法	建筑[2010]413号	2010年5月	天津市城乡建设和交通委员会	加强建设工程造价管理,规范建设工程造价计价行为,维护工程建设各方合法权益,保证工程造价的合理调整与结算	市建设行政主管部门建立并完善建设工程造价数据库,发布建设工程造价定额管理,市建设研究站对工程造价的实行动态管理,根据市场变化,定期公布人工、材料、机械台班信息和建设工程造价指数
	江苏省建设工程造价管理办法	江苏省人民政府令第66号	2010年8月	江苏省人民政府	加强建设工程造价管理,规范与建设工程造价有关的行为,维护工程建设参与各方的合法权益	工程造价咨询企业和造价从业人员向资质许可机关以及从事建设工程造价活动所在地的建设行政主管部门提供真实、准确、完整的企业和个人信用档案信息以及执业活动业务信息
地方	甘肃省建设工程造价信息管理办法	甘建价[2010]572号	2010年10月	甘肃省住房和城乡建设厅	加强建设工程造价信息管理,规范建设工程造价信息的收集、整理和发布,发挥建设工程造价信息在工程建设计价中的作用	明确甘肃省及各市(州)建设工程造价管理机构的职责;明确建设工程造价信息的分类以及内容
	宁夏建设工程人工、材料、施工机械台班采集信息员工作制度	宁建发[2011]20号	2011年3月	宁夏回族自治区住房和城乡建设厅	确保建设工程材料价格发布的准确性和及时性,完善建设工程材料价格信息采集制度	从信息员的来源和方式、信息员的职责、信息报送时间、信息员的服务费、信息员例会五个方面进行了信息员工作制度安排
	北京市建设工程造价管理暂行规定	京建发[2011]206号	2011年5月	北京市住房和城乡建设委员会	规范建设工程计价行为,合理确定和有效控制工程造价,保证工程质量和安全,维护社会公共利益,促进建筑行业的健康发展	建设工程造价管理机构负责发布人工、材料、设备、施工机械台班的市场价格信息,调整系数,技术经济指标,典型工程造价分析,造价指数,引导调控建筑市场主体合理确定计价

续表

层级	文件名称	发文字号	发布时间	发布机构	目的	相关主要内容
地方	吉林省建设工程造价管理办法	吉林省人民政府令第222号	2011年5月	吉林省政府	加强建设工程造价管理，合理确定和有效控制建设工程造价，维护建设工程各方当事人的合法权益	明确建设工程造价计价依据，加强建设工程造价编制与控制，落实监督管理和法律责任
	青海省建设工程造价管理办法	青海省人民政府令第79号	2011年8月	青海省人民政府	加强建设工程造价管理，规范建设工程计价行为，合理确定和有效控制建设工程造价	建立工程造价信息社会服务平台，采集市场信息，测算和发布工程造价信息，规范工程计价依据的分类和制定及发布方式，鼓励工程建设单位、施工企业编制企业定额
	辽宁省建设工程造价管理办法	辽宁省人民政府令第260号	2011年9月	辽宁省人民政府	合理确定和有效控制建设工程造价，保证建设工程质量和安全，维护工程建设各方的合法权益	规范计价依据的种类和制定机构，鼓励施工企业编制企业定额，造价咨询企业和建设工程造价人员的执业人员信用档案，并向社会公布
	重庆市建设工程造价信息员管理办法	渝建价发[2012]6号	2012年3月	重庆市建设工程造价管理总站	规范重庆市工程造价信息员的管理，确保工程造价信息发布质量	建立信息员管理办法，制定信息员申报条件，明确信息员的主要工作职责和享有的权利
	浙江省建设工程造价管理办法	浙江省政府令第296号	2012年4月	浙江省人民政府	科学、合理确定建设工程造价，规范建设工程造价行为，促进建设市场健康发展	规定浙江省建设工程造价计价依据及市场动态管理和市场调研机制，建立工程造价行政主管部门工程造价信息共享平台，建立工程造价咨询企业、执（从）业人员的信用档案，进行建设工程的招标控制价、中标价、结算价等信息的公开
	青海省建设工程造价动态信息发布使用办法	青建工[2014]252号	2014年5月	青海省住房和城乡建设厅	客观、准确反映建设工程造价信息变化情况，指导发承包双方及相关单位合理确定和控制工程造价	制定青海省工程造价动态信息工作管理制度，明确造价信息的种类，建立造价信息定期发布制度

续表

层级	文件名称	发文字号	发布时间	发布机构	目的	相关主要内容
地方	内蒙古自治区建设工程造价管理办法	内蒙古自治区人民政府令第187号	2012年4月	内蒙古自治区人民政府	规范建设工程造价管理，合理确定工程造价，维护工程建设各方的合法权益	投资估算指标、概算指标、概算定额、建筑安装工程费用定额等计价依据，由自治区人民政府、建设行政主管部门制定和发布，财政发展和改革、财政等行政主管部门及其相关补充定额、地区基础价格、预算定额、单位估价表、人工单价、材料价格、施工机械台班价格等计价依据，由自治区人民政府建设行政主管部门制定和发布，建设工程人工成本、材料、设备、施工机械租赁等市场价格信息，由盟行政公署、设区的市人民政府建设行政主管部门发布
	山东省建设工程造价管理办法	山东省人民政府令第252号	2012年5月	山东省人民政府	加强建设工程造价管理，规范建设工程造价计价行为，保证工程建设质量和安全，维护工程建设各方的合法权益	确定造价计价依据，鼓励企业编制企业定额，开发应用工程造价计价软件，加强从业管理
	工程造价信息先进单位和优秀信息员评选办法（试行）	赣建价发〔2012〕16号	2012年8月	江西省建设工程造价管理局	调动工程造价信息从业人员的积极性和创造性，促进工程造价信息工作上台阶上水平	明确工程造价信息先进单位和优秀信息员及评选条件、评选程序
	浙江省建设工程造价信息管理暂行办法	浙建站信〔2012〕51号	2012年10月	浙江省建设工程造价管理总站	规范浙江省建设工程造价信息员的管理，提高工程造价信息发布质量	建立信息员管理办法，规范信息员的聘用条件，明确信息员的工作内容

续表

层级	文件名称	发文字号	发布时间	发布机构	目的	相关主要内容
	新疆维吾尔自治区建设工程造价信息管理办法	新建标〔2013〕2号	2013年1月	新疆维吾尔自治区住房和城乡建设厅	加强新疆维吾尔自治区建设工程造价信息管理	明确工程造价信息平台各地的分类,明确新疆维吾尔自治区及各地(市)建设工程造价信息化管理机构的信息管理职责、落实安全责任、监督检查责任和信息上报制度
	四川省建设工程造价数据积累实施办法	川建造价发〔2012〕664号	2012年12月	四川省住房和城乡建设厅	加强工程造价管理,合理确定和有效控制工程造价,全面、系统、科学地收集和整理工程造价资料数据,建立全省工程造价资料数据库,使工程造价数据收集、整理和发布工作规范化、程序化、有效减少造价争议	从造价数据积累的内容和编码规则、建设工程造价数据的收集、整理、上报和发布,建设工程造价积累的实现三个方面制定了工程造价数据积累的管理实施办法
地方	安徽省建设工程造价管理条例	安徽省人民代表大会常务委员会第20号	2014年8月	安徽省人民代表大会常务委员会	规范建设工程造价管理,合理确定和有效控制建设工程造价,保障建设工程质量和安全,维护建设工程当事人的合法权益	明确工程造价的编制和确定、工程造价控制、规范从事建设工程造价咨询的企业和个人的行为,落实监督检查和法律责任
	广东省建设工程造价管理规定	广东省政府令第40号	2014年9月	广东省住房和城乡建设厅	为加强建设工程造价管理,规范工程造价计价行为,维护工程建设各方合法权益	省住房和城乡建设主管部门应当按照国家建设工程造价相关管理规划,制定本省建设工程造价信息化发展规划,发布信息化管理相关数据标准,建立信息化管理体系
	河北省建筑工程造价管理办法	政府令〔2014〕8号	2014年11月	河北省住房和城乡建设厅	为规范建筑工程造价活动,保证工程质量和安全,维护工程建设各方合法权益,促进建筑市场健康发展	编制建筑工程造价计价依据,工程造价确定的依据,工程造价从业管理,落实监督检查和法律责任

层级	文件名称	发文字号	发布时间	发布机构	目的	相关主要内容
地方	福建省建设工程造价管理办法	福建省政府令第164号	2015年6月	福建省住房和城乡建设厅	加强建设工程造价管理，规范建设工程计价活动，保障工程建设质量与安全，维护工程建设各方的合法权益	编制建设工程造价计价依据，建设工程造价确定与控制，加强执（从）业管理和政府相关部门的监督管理
	浙江省建设工程造价管理导则服务工作方案	浙建站督[2015]46号	2015年8月	浙江省建设工程造价管理总站	创新工程造价管理方式，提高工程造价管理为公共服务的能力与水平	探索工程造价信息应用，提升工程造价信息化服务工作。利用大数据建立工程造价基础数据库，建立工程造价数据分析模型，动态发布工程造价指数、指标等相关信息，为政府和有关决策部门提供充足的工程造价信息
	上海市工程造价管理"十三五"规划	沪建标定[2016]762号	2016年9月	上海市住房和城乡建设管理委员会	健全市场决定工程造价机制，促进行业转型升级	制定全市工程造价信息数据标准，充分运用工程招投标、竣工结算数据资源，信息资源，对各类工程要素进行整理、修正、分析与总结。根据市场需求及时补充、完善价格信息，不断提高造价信息服务质量。倡导工程师经办的已完工程的资料按统一的格式填报，收录各类工程的造价数据，实现联网共享，为测算各类工程造价的指数据提供依据
	重庆市建设工程造价管理规定	重庆市人民政府令第307号	2016年10月	重庆市人民政府	加强建设工程造价管理，规范建设工程计价行为，合理确定和有效控制建设工程造价，保障工程质量和安全，维护工程建设各方的合法权益	城乡建设主管部门应当建立全市建设工程造价信息化平台，建立工程造价执业人员信用信息档案，城乡建设主管部门应当对建设工程计价软件的开发和应用是否符合计价依据进行监督管理

3. 工程造价信息化标准建设现状

在工程造价信息数据标准研究方面，最权威的是住房城乡建设部、国家质量监督检验检疫总局于 2012 年 12 月发布的国家标准《建设工程人工材料设备机械数据标准》（GB/T 50851-2013）。该标准通过规定工料机编码和特征描述、工料机数据库组成内容、工料机信息库价格特征描述内容、工料机数据交换接口数据元素规定等，规范建设工程工料机价格信息的收集、整理、分析、上报和发布工作。此外，住建部标准定额司于 2008 年 3 月发布的《城市住宅建筑工程造价信息数据标准》，用于规范城市住宅建筑工程造价数据采集、统计、分析和发布；于 2011 年 9 月发布了《建设工程造价数据编码规则》，旨在建立针对单项工程整体数据汇总文件的编码体系，借以规范工程造价信息收集和整理工作。

此外，根据网络不完全统计，我国部分省份（如重庆、河南、辽宁、云南、湖北、广西、浙江、陕西、甘肃等）也制定了地区数据标准，用于规范建设工程计价成果文件的数据输出格式，统一数据交换规则，实现数据共享。对我国工程造价信息数据标准相关文件的梳理，详见表 2-3。

尽管在国家层面住建部已经出台了《建设工程人工材料设备机械数据标准》，但工程造价信息化的发展需要全面的技术标准体系作支撑，不仅需要工、料、机数据标准，还需要造价指数指标、成果文件标准，也需要工程造价信息收集和处理、交流和共享，以及相关配套技术标准。在地方层面，仅有少数省份制定了数据标准，内容也仅局限在文件交互格式，且各个省份出台的数据标准之间亦存在明显差异，不能全面满足工程造价信息数据库建设、数据在全国范围内交流与共享之所需。

表2-3

工程造价信息数据标准相关文件梳理

标准	发布时间	发布机构	目的	内容
城市住宅建筑工程造价信息数据标准	2008 年 3 月	住房城乡建设部标准定额司	规范城市住宅建筑工程造价数据的采集、统计、分析和发布	对象：地方造价管理部门收集城市住宅建项目造价信息；技术内容：住宅建筑采集的种类、信息上报内容、信息填报格式等
建设工程造价数据编码规则	2011 年 5 月	住房城乡建设部标准定额司	规范工程造价数据的管理工作，通过统一规则为序列编码，规范工程造价信息的收集和整理工作	对象：单项工程整体数据汇总文件；描述语言：20 位数字序列编码描述单项工程造价数据汇总文件；编码对象：建设工程项目规划立项文件批准年份、所在地的行政区划、所属专业、工程类别、工程结构和装置等特征、收集顺序、价格阶段类型、成果文件批准或签订年份
建设工程人工材料设备机械数据标准（GB/T 50851-2013）	2012 年 12 月	住房城乡建设部	推动建设工程造价信息化进程，健全工程造价基础数据标准体系	对象：建设工程工料价格信息；描述语言：4 位数字序列编码描述工料机价格信息，国际标准的可扩展标记语言 XML 描述软件交换数据标准，描述对象：工料机类别及特征、工料机数据库、工料机数据接口
福建省建设工程造价电子数据交换导则	2005 年 11 月	福建省建设厅	推进建设领域信息化，规范规范工程造价电子数据交换格式，提高建设工程造价信息的资源共享和有效利用水平，规范建设工程造价软件市场	对象：福建省行政区域范围内的建设工程计价软件、建设工程造价监督管理软件、建设工程造价信息系统软件及其他涉及建设工程造价的软件；描述语言：国际上通用的 XML（可扩展标记语言）标准，万维网协会（W3C）的可扩展文档语言 XML；技术内容：工程造价电子数据文档格式、数据元素格式

续表

标准	发布时间	发布机构	目的	内容
广东省建设工程造价文件数据交换标准化规定	2006年11月	广东省建设工程造价管理总站	为工程造价领域中的多种计价软件和经济标、电子标书及评标定标软件等有一个开放式数据交换平台，保证工程造价信息资源的有效开发、利用	对象：采用国家标准《建设工程工程量清单计价规范》(GB 50500 2003)及广东省现行计价依据进行电子评标的计价软件数据集；描述语言：国际标准的可扩展标记语言XML；技术内容：数据表、数据文档、数据字段的种类及命名研究
重庆市建设工程造价数据交换标准(CQSJH-V2.0)	2008年2月	重庆市城乡建设委员会	建立计价软件开发数据格式标准，实现不同计价软件成果文件之间数据交换和共享	对象：执行重庆市建设工程计价依据的各类软件计价成果文件；描述语言：国际标准的可扩展标记语言XML 描述数据交换文档；技术内容：数据规则、数据计算精度
建设工程造价软件数据交换标准(DBJ41/T087－2008)	2008年9月	河南住房和城乡建设厅	规范造价软件市场，实现不同软件之间的数据共享，并为招评标工作提供统一数据格式接口	对象：执行河南省建设工程计价依据的各类软件计价成果文件；描述语言：国际标准的可扩展标记语言XML 描述数据交换标准；技术内容：数据规则、数据命名、数据关系、数据表格式
山东省建设工程造价计价软件数据接口标准(试行)	2009年1月	山东省工程建设标准定额站	为加强工程造价计价软件管理、促进工程造价信息化建设，搭建工程造价数据交流的平台，消除数据共享的瓶颈，保证工程造价计价软件的有序发展	对象：工程造价计价文件数据集合以及材料库数据集合；文件格式：标准 Access 2000 数据库格式；技术内容：清单计价、定额计价、材料价信息三种形式的数据结构研究

续表

标准	发布时间	发布机构	目的	内容
辽宁省建设工程造价文件数据交换标准化规定	2011年5月	辽宁省建设厅招标投标管理处	为工程造价领域中的多种计价软件和经济标电子标书及评标标软件等提供一个开放式的数据交换平台	对象：采用国家标准《建设工程工程量清单计价规范》(GB 50500—2013) 及辽宁省现行计价依据进行电子评标的计价软件数据集；描述语言：国际标准的可扩展标记语言 XML 描述数据；技术内容：数据规则、数据表种类命名及名、数据关系、数据表格式
云南省建设工程造价成果文件数据标准 (DB53/T-38-2011)	2011年8月	云南省住房和城乡建设厅	保证工程造价计价软件信息数据生成全面、准确、成果表现规范、统一，便于实现工程造价信息资源共享	对象：工程造价计价软件的输出成果表格；数据生成、数据交换、成果表现、数据关系图
湖北省建设工程造价应用软件数据交换规范 (DB42/T 749-2011)	2011年12月	湖北省住宅和城乡建设厅	规范建设工程造价应用软件市场，对建设工程造价计价文件的数据交换进行规范	对象：采用《建设工程工程量清单计价规范》(GB 50500—2013) 的各类建设工程计价软件生成的工程造价成果文件；描述语言：国际标准：国际标准的可扩展标记语言 XML 描述数据；技术内容：数据表的种类和命名、数据表格式说明
广西壮族自治区建设工程造价软件数据交换标准	2013年12月	广西建设工程造价管理总站	保证广西建设工程计价数据库的通用性和正确性，方便不同计价软件之间正确的数据交换，以及广西建设工程计量计算机辅助评标系统的顺利运行	对象：采用国家标准《建设工程工程量清单计价规范》(GB 50500—2013) 及广西实施细则编制的电子计价文件数据集；描述语言：国际标准的可扩展标记语言 XML 描述数据；技术内容：数据表种类及名、数据表格式说明、数据关系图

续表

标准	发布时间	发布机构	目的	内容
浙江省建设工程计价成果文件数据标准（DB33/T1103-2014）	2014年5月	浙江省住房和城乡建设厅	规范建设工程计价成果文件的数据输出格式，统一数据交换规则，实现数据共享	对象：执行浙江省建设工程计价依据的各类软件计价成果文件数据；描述语言：国际标准的可扩展标记语言XML描述数据交换标准；技术内容：数据表名称及格式、数据计算顺序与精度
四川省建设工程造价电子数据标准	2015年8月	四川省建设工程造价管理总站	克服不同的工程计价软件采用不同的数据加密方式以及数据异构造成共享造价成果数据的困难，使造价成果能够进行有效的数据交换，促进我省建设工程造价数据资源的科学积累和有效利用	对象：四川省行政区域内开发与应用的建设工程计价软件和电子评标软件；描述语言：国际标准的可扩展标记语言XML（Extensible Markup Language）；技术内容：建设项目、单项工程、单位工程、数据字典、数据结构
福建省房屋建筑与市政基础设施工程造价电子数据交换导则	2016年4月	福建省建设工程造价管理总站	推进建设领域信息化，规范建设工程造价电子数据交换格式，提高建设工程造价信息的资源共享和有效利用水平	对象：福建省行政区域内的建设工程计价软件、建设工程造价监督管理软件、建设工程造价系统软件及其他涉及建设工程造价的软件；描述语言：国际上通用的XML（Extensible Markup Language，可扩展标记语言）标准；技术内容：数据元素格式定义、电子数据文档结构图和接口格式

续表

标准	发布时间	发布机构	目的	内容
建设工程造价文件数据标准（征求意见稿）	2016年8月	中国建设工程造价管理协会	促进工程造价数据积累和共享，规范工程造价成果及计价依据电子数据格式，便于不同工程造价软件的数据交换，实现工程造价文件标准化	对象：适用于建设工程全过程电子数据存储、共享、积累等应用；技术内容：定义和规范价格数据、人工材料设备机械价格数据、工程计量数据、清单计价数据、定额库数据
陕西省工程建设项目电子评标数据交换标准接口	2016年9月	陕西省建设工程发包交易中心	采用标准化的数据接口，可实现同类化的交换格式，各种主流数据库，各类计算机软件系统、系统连接	对象：陕西省行政区域内工程建设所使用的各软件公司开发的计价软件；描述语言：数据交互标准XML，即可扩展标记语言（Extensible Markup Language）；技术内容：工程建设数据交换文件、接口数据规则、XSD描述文档
安徽省建设工程招标投标造价数据交换（标准）征求意见稿	2016年11月	安徽省住房和城乡建设厅	保证安徽省建设工程招投标造价数据库的通用性和正确性，方便不同计价软件之间的数据交换，以及安徽省建设工程计算机辅助评标系统的顺利运行，提高招投标活动的便捷性、规范性、安全性、统一性	对象：采用国家标准《建设工程工程量清单计价规范》（GB 50500—2013）及《关于营业税改征增值税现行计价依据的实施意见》（造价（2016）11号）编制的电子计价文件数据集；描述语言：国际标准的可扩展标记记语言XML描述数据交换标准；技术内容：数据表种类及命名、数据表格式说明

4. 工程造价信息化建设政府职能现状

国家建设主管部门和地方造价管理机构是我国工程造价管理的主体，扮演着我国工程造价信息化建设的规划师和引路人的角色。根据住建部标准定额司发布的《关于做好建设工程造价信息化管理工作的若干意见》，建设工程造价信息化管理工作实行统一归口、分级管理，各级造价主管部门职能如下：

（1）住建部标准定额司：主要负责制定全国建设工程造价信息化管理工作的发展规划；组织审批发布全国建设工程造价信息化管理相关数据标准；组织开展全国建设工程造价信息发布工作。

（2）住建部标准定额研究所（受标准定额司委托）：主要负责落实全国建设工程造价信息化管理的发展规划；建设、维护和运行国家建设工程造价信息化平台；组织制定全国建设工程造价信息化管理相关数据标准；审核地方、行业上报的建设工程造价信息。

（3）各行业工程造价管理机构：主要负责按照全国建设工程造价信息化管理工作的发展规划，制定本行业建设工程造价信息化管理工作的发展规划和实施细则；贯彻国家相关的政策文件及数据标准，开展本行业建设工程造价信息化管理工作；组织制定本行业建设工程造价信息化管理相关数据标准；建设、维护和运行本行业建设工程造价信息化平台；上报、发布本行业建设工程造价信息。

（4）省级工程造价管理机构：主要负责按照全国建设工程造价信息化管理工作的发展规划，制定本地区建设工程造价信息化管理工作的发展规划和实施细则；贯彻国家相关的政策文件及数据标准，开展本地区建设工程造价信息化管理工作；建设、维护和运行本地区建设工程造价信息化平台；上报、发布本地区建设工程造价信息；指导并监督检查地市级建设工程造价信息化工作。

（5）地市级工程造价管理机构：主要负责按照省级工程造价管理机构制定的发展规划，组织实施工作，并按照相关要求向省级造价管理机构提供建设工程造价信息。

5. 工程造价信息化平台建设现状

1992 年，建设部标准定额司组织标准定额研究所、中国建设工程造价管理协会和建设部信息中心，按照建设部关于建设工程信息网络建设规划，在中国工程建设信息网的基础上建立了"中国建设工程造价信息网 (http：// www.cecn.gov.cn) "，基本完成了建设部发布的有关工程造价管理信息的建库工作。目前，该信息网主要包括综合新闻、政策法规、行政许可、各地信息、计价依据、造价信息、政务咨询、调查征集八个栏目，其中，政策法规数据库汇集了法律法规、部门规章、规范性文件、地方政策法规；工程造价咨询企业管理系统和注册造价工程师管理系统用于工程造价咨询企业和造价工程师的资质、资格管理；计价依据数据库汇集了国家统一计价依据和地区计价依据；造价信息数据库汇集了全国各省份住宅建安成本和各工种人工成本。此外，由中国建设工程造价管理协会主办的"工程计价信息网（http：//www.ccost.com）"也已经上线测试，该网站通过定向数据采集和会员分享，向社会提供工程计价行为相关的政策法规及规范性文件、各地建筑材料价格信息、造价指标、合同范本等查询服务，目前已积累数据 300 余万条。

目前，全国绝大多数省份也纷纷建立了工程造价信息网站，但是这些网站的命名方式不统一，除了大部分省份将之命名为"某某省建设工程造价信息网"，也有少数省份用建设行政主管部门工程造价管理机构的单位名称命名（图 2-1）。《关于做好建设工程造价信息化管理工作的若干意见》和《建设工程造价信息管理办法》（征求意见稿）均指出，建设工程造价信息平台应包含政务信息、计价依据信息、指标信息、价格信息、指数信息等栏目。针对栏目的设置，课题组通过对北京、上海、重庆等地的造价咨询企业进行调查，得知除上述五个栏目以外，典型工程案例和造价交流两个栏目也深受青睐。课题组还调查了全国 31 个省级建设工程造价信息网站，发现在造价信息网栏目设置上，以政务信息、价格信息、计价依据、造价交流为主，在指数、指标和典型工程案例栏目建设方面较为薄弱，具体如图 2-2 所示。

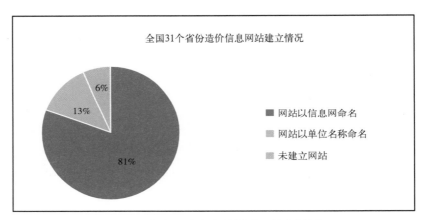

图 2-1　全国 31 个省份造价信息网站建立情况

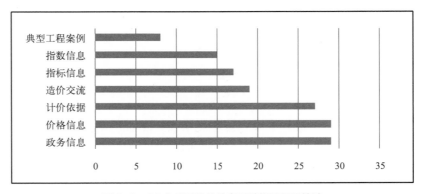

图 2-2　31 个省级造价信息网站栏目设置统计

6. 工程造价咨询行业信息化发展现状

造价咨询行业信息化发展过程可归纳为初级、中级、高级三个阶段。如图 2-3 所示，在初级阶段里，造价咨询企业信息化仅局限于工程概预算软件、财务软件、项目管理软件的应用；中级阶段要引入电子商务、客户关系系统、办公自动化软件以及企业资源计划等办公软件提高企业综合业务能力；高级阶段则开始运用大数据、云技术等先进技术，并注重企业知识管理、信息资源全方位集成。

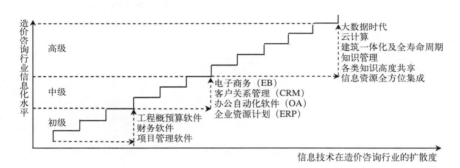

图 2-3　造价咨询行业信息化发展水平演变

课题组曾在 2013 ~ 2014 年对北京、上海、重庆等地的工程造价咨询企业进行调查，发现大多数工程造价咨询企业对信息化都有一定程度上的重视，但企业信息化水平普遍较低，工程造价咨询业务信息化建设情况如图 2-4 所示。对照图 2-3 与图 2-4 可知，我国工程造价咨询企业信息化还处于发展的初级阶段，经过两年的快速发展，大型工程造价咨询企业普遍建立有自己的以 OA 办公、业务管理、资源共享和流通为主要功能的多功能融合的信息化平台，大大提高了工程造价咨询企业的信息化程度。但是目前行业中的各种信息平台，只是强调了数据在企业层面运用专业软件汇总交互，而大量的项目数据只能在项目层面依靠 QQ

等非专业软件交互，导致冗余操作，出现数据利用率低、工作效率低等现象，存在企业级的互联网渗入度高，但项目级的互联网化不足的问题。

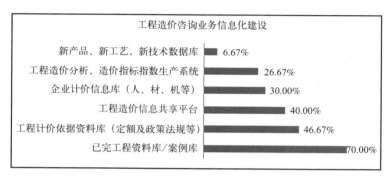

图2-4　工程造价咨询业务信息化建设

在工具软件信息化方面，伴随传统工程计价、计量软件日趋成熟，工程计价、计量软件已经成为工程造价从业人员必不可少的执业工具，很多企业也开始运用管理型软件来提高企业效率，形成以专业工具软件为主，办公管理软件为辅的软件应用局面。但是，目前企业使用的管理性软件大多局限于办公自动化软件（OA）、财务管理系统（简称EFM，是一个对企业或商业项目的未来经营活动，进行动态交互式模拟及监控的数字化管理及预测系统）、管理信息系统（简称MIS，是一个以人为主导，利用计算机硬件、软件、网络通信设备以及其他办公设备，进行信息的收集、传输、加工、储存、更新和维护，支持企业的高层决策、中层控制、基层运作的集成化的人机系统），且应用的比例不高。此外，我国工程造价咨询企业在BIM、云计算等方面也比较欠缺，尚未达到知识管理、知识高度共享、促进企业资源全方位集成的发展阶段。

在业务信息化方面，我国造价咨询企业对于信息深加工能力及对更新速度较快的造价信息收集能力略显不足。大多数造价咨询企业已开始注重企业内部信息积累，建立了已完工程资料库（或案例库），接近半数的企业建立了内部计价依据和工程造价信息共享平台，但是造价咨询企业对于人材机价格信息库、工程造价分析、造价指标指数生成系统，以及新产品、新工艺、新技术数据库的建设比较欠缺。

7. 工程造价管理软件与信息系统现状

自 20 世纪 90 年代以来，计算机技术、信息技术不断发展，计量、计价软件悄然问世，工程造价计算条件得到明显提升。如表 2-4 所示，广联达、斯维尔、鲁班、神机妙算等工程造价软件竞相发展，推陈出新。广联达公司针对建设方、施工单位、中介公司、政府部门、设计院、专业院校等目标客户开发了协同办公系统、项目管理系统、企业操作系统、采购管理系统、工程造价管理整体解决方案、电子招标整体解决方案等信息化产品。斯维尔开发了针对不同目标人群的整体解决方案，满足设计院、房地产企业、施工企业、造价咨询企业、高校等不同客户需求。我国工程造价信息化软件种类丰富，工程造价软件开发企业已经注重对BIM 技术、云技术、项目寿命周期的整体管理以及工程项目相关配套软件的研发，但对咨询企业的调查可以发现，一些前沿的软件如 BIM、云技术、整体管理等软件的市场运用情况却不理想。

国内典型造价软件开发企业　　　　　　　　　　　　表2-4

公司	LOGO	成立时间	产品类型
广联达科技股份有限公司	Glodon 广联达	1998 年 8 月	算量、计价、结算管理、审核、对量、项目管理系统、协同办公系统、招投标整体解决方案……
深圳市斯维尔科技股份有限公司	清华斯维尔 软件助您赢得未来!	2000 年 5 月	设计、仿真、算量、计价、成本管理、工程管理、招投标电子商务、合同管理、材料管理、工程交易平台……

公司	LOGO	成立时间	产品类型
上海鲁班软件股份有限公司	鲁班软件 Lubansoft	2001 年 2 月	算量、计价、云功能、BIM 应用……
上海神机妙算软件有限公司	上海神机网 www.sjms.com.cn	1997 年 5 月	算量、计价、招投标、标书制作、材料管理、合同管理……

21 世纪初，顺应工程造价管理机构的工作需求，出现了专为定额管理机构定额修订、信息发布等使用的定额管理软件。借助软件，逐步实现定额的统一管理、原始数据自动积累、定额数据质量校验、定额单价实时汇总计算、与计价软件衔接快速实现定额测算、定额印刷排版等功能，建立了工程定额全息数据库。目前市场上具有代表性的工程定额管理软件有：鹏业定额管理软件、广联达定额管理软件、神机妙算定额管理软件等。

随着信息化关注程度不断提高，各类性质的造价信息库被开发出来，部分企业建立了内部造价信息管理系统和数据库，自主开发了工程造价咨询企业项目管理系统。个别企业通过开发造价管理信息系统成为科技型企业，进一步拓展企业业务范围。比如，北京金马威管理软件开发有限公司致力于建设行业工程项目的全过程审计（造价咨询）项目的 IT系统研发与实施，提供建设行业 IT 咨询、IT 服务、IT 实施、软件开发等全面专业服务。广东华联建设投资管理股份有限公司建设了造价 168服务平台，并承担该平台的研究、开发、运营及服务，为建设行业主管单位、建设单位、设计单位、咨询企业、施工企业、建材生产企业、建材供应商、专业院校及工程造价人员等提供集项目商机、计价软件、材价信息、造价指标及造价资讯为一体的专业造价服务。

综合以上七个方面的分析，政府部门在宏观层面，通过信息化发展规划、数据标准等方案的制定，为我国造价信息化建设指引了方向，提供了保障。不过，政府在信息化建设的宏观指导上还可以发挥出更大的作用。在微观层面，政府管理部门在信息平台的建设和信息收集方面虽然付出了很多努力，但效果并不显著，说明仅仅依靠政府的行政手段而不通过市场力量也很难进行微观层面的信息化建设。工程造价咨询企业通过专业工具软件和办公管理软件，来提高企业的业务能力和管理水平，但缺乏对信息的深加工能力，尚未到达企业资源全方位集成的发展阶段。在工程造价管理软件与信息系统方面，软件开发企业相比于造价企业，更加重视对新技术的研发和应用，已经注重对云技术和 BIM 技术等在工程造价领域的应用，也开始关注项目全寿命周期造价管理。

2.2　发达国家工程造价信息化发展现状

国际上通用的造价管理模式主要是以英国工料测量体系、美国造价工程管理体系和日本工程积算体系三种模式为典型。通过比较英国、美国和日本三国的工程造价管理模式，可以分析其特色，取长补短，推动我国工程造价信息化与国际惯例接轨。

2.2.1　英国工程造价信息化

英国造价信息化发展可分为三个阶段，第一阶段是以电脑应用、办公室自动化为主的初始阶段；第二阶段是网络化、工程算量软件的普及与联网、多维沟通技术使用的阶段；第三阶段是数据化、BIM、云计算、建筑一体化及全寿命周期、大数据时代的阶段。

1. 英国建设工程造价信息管理

英国工料测量师制度始于 19 世纪初。无论是政府工程还是私人工程，采用的是传统或非传统管理模式，都有工料测量师参与建设全过程的计价工作。至今，英国已逐步形成一套严谨有序的工料测量规范系统，示范并影响着一些地区和英联邦国家的做法。

英国没有统一的价格定额，统一的工程量计算规则是计算工程量的基础。在建筑工程方面，1987 年修订的第 7 版《建筑工程工程量的标准计算规则》（SMM7）目前应用最为广泛。在土木工程方面，英国土木工程师学会编制的《土木工程工程量标准计算规则》（CESMM）统一了工程量计算规则，为工程量的计算、计价工作及工程造价管理提供基础。

英国有政府层次、专业团体层次和企业层次的工程造价信息，它们是确定工程造价的重要参考依据：

（1）政府层次是指政府主管部门发布的造价信息。英国建筑业行业管理部门贸工部（DTI），下设建筑市场情报局，专门收集、整理工程建设领域人工、材料、机械等的价格信息，测算各类建设工程的投标指数和造价指数，每季度定期向社会公布人工、材料、机械等价格信息和各类建设工程投标指数、造价指数，指引和规范工程造价的确定。

（2）专业团体层次是指工程造价相关的专业团体发布的造价信息。以英国皇家测量师协会（RICS）为代表，这些专业团体设有专门的机构收集、整理各种工程造价信息，分析、测算各种工程造价指数，并有偿提供给业界参考使用。例如，英国皇家测量师学会下属的工程造价信息服务中心（BCIS），通过建立网上工程造价信息服务平台和工程造价分析平台。提供人工、材料、机械等价格信息和各类工程的投标指数、造价指数；同时提供工程建设不同阶段工程造价分析、测算服务。此外，

BCIS 还不定期发布各种工程造价专业报告，分析人工、材料、机械等价格以及工程造价变化趋势。

在英国，由于市场透明度高，测量师的核心竞争力就是对建筑市场的熟悉和对工作整个流程的把握，可以说就是工程的核心成本控制能力，测量师们作为协会的一员，享有查看其他会员案例工程数据的权利，也能得到业内最权威专家的分析报告和宏观指数以及未来趋势的预测，而自己共享自己的工程案例是具有荣誉性质的行为，可以通过案例来发展自己的职业水平，所以皇家测量师协会的会员会积极分析、分享自己的成果数据。经过 60 余年的发展，BICS 造价成本数据体系已经成为一个权威的行业信息服务平台，帮助测量师在日常工作中更好地控制成本，规避风险。

由此可知，专业团体在英国造价信息化建设中发挥着巨大的作用。

（3）企业层次是指大多数测量师行、咨询公司 [如英国阿特金斯集团（Atkins）、海德工程咨询公司（Hyder Consulting）] 和一些大型的工程承包商 [如鲍维斯林德（Bovis Lend Lease）、鲍佛贝蒂公司（Balfour Beatty plc）] 发布的造价信息。大多数英国建筑业企业都非常注重工程造价信息收集和积累，作为公司重要的无形资产给予严格保密。企业通常设立专门的信息收集处理中心，负责收集、整理各种造价信息。通过分析、总结公司所承接工程实际发生的各种造价数据，积累并生成公司内部的造价信息数据库，编制近期工程造价信息和分析表，供公司内部使用，同时向社会有偿提供工程造价信息服务。这些数据来源于实际工程，同时又建立在社会公共造价信息的基础上，既客观反映企业实际状况，又贴近市场，是准确确定工程造价的重要保证。

2. 丰富的软件支持

英国软件系统较为成熟，有算量软件（CAD-Measure、All plan

Cost Management、CostOS BIM)、项目管理软件（Primavera Project Planner、Primavera Enterprise、DDS、Digital Project、Navisworks）、建筑信息模型（Revit Architecture）、全过程软件（InnovayaSuit）等多种实用软件。

近几年大热的 BIM 技术，在英国同样处于起步和发展阶段。麦克劳 - 希尔公司 2009 年发布的《BIM 在欧洲的商业价值》调查报告指出，英国有 35% 的专业人士采用 BIM，其中分别有 60% 的建筑师、39% 的工程师、23% 的承包商。38% 的采用者有 5 年以上的经验，54% 的采用者在 30% 以上的项目中采用 BIM。2011 年的英国政府建筑业发展战略中提及希望通过五年的时间使英国达到 BIM 应用二级的水平，并且通过 BIM 的应用实现低碳、低成本目标，促使建筑成本降低 20%。2012 皇家特许测量师协会的调查结果显示只有 10% 的工料测量师经常使用 BIM。可见，BIM 软件在英国应用还不够普遍。

2.2.2　美国工程造价信息化

美国建筑信息化建设起步较早，在世界各国中发展较为成熟。美国信息化发展大体分为两个阶段：

第一阶段，信息化相关概念的提出。1996 年，美国发明者协会首先提出虚拟建设的概念；1998 年提出了基于国际互联网的工程项目管理概念。也就是，根据用户的不同需求，提供以互联网为技术平台的功能及管理服务；1999 年，形成了应用服务提供商（Application Service Provider）概念。

第二阶段，BIM 技术应用与实践。2003 年美国总务管理局（GSA）建立了著名的"国家 3D-4D-BIM 计划"，从 GSA 实际建设项目中挑选部分项目作为 BIM 试点项目，探索 BIM 应用的模式、规则、流程等一整套建筑全生命周期的解决方案，并对采用这些技术的项目承包方根据应用程度的不同，给予不同程度的资金资助，以提高美国建筑行业的生产力；2006 年美国国家标准与技术研究院（National Institute of Standards and Technology）基于 IFC（Industry Foundation Classes）标准开始制定美国国家 BIM 标准（National Building Information Model Standards），初步形成了一个国家 BIM 标准体系。

在信息管理方面，美国以先进的工具计算机为手段，通过将专家们多年的实际经验（如：标准的工程量、材料消耗量、单位造价等信息）存储到计算机中，建立高信息量的、有价值的数据库，实行造价信息共享共用。美国没有统一的消耗定额和工程量的计算规则，上述数据库中所需要的用来确定工程造价的定额、指标、费用标准等造价信息，按提供主体可分为三个层次：政府部门、民间组织和工程公司。

（1）政府部门层次：虽然工程造价是由承发包双方商定的合同价，不需要政府制定并发布法定的定额、指标、费用标准等。但是，政府有关部门也需要积累并制定有关的工程造价依据。美国联邦政府、州政府和地方政府会根据各自积累的工程造价资料，并参考各工程咨询机构有关造价的资料，对其综合分析并定时发布工程成本指南，分别对各自管辖的政府工程项目制定相应的计价标准，以作为项目费用估算的依据，供社会参考。

（2）民间组织层次：由于美国没有统一的计价依据和标准，是典型的市场化价格。工程估算、概算、人工、材料和机械消耗定额是由几个大区的行会（协会）组织 [如美国国际工程造价促进协会（简称 AACE-I，其前身为美国造价工程师协会 AACE、美国土木工程师协会、工程咨询业协会）与较大的工程顾问公司（如 R.S.Means 公司）]，按照各施工企业工程积累的资料和本地区实际情况，根据工程结构、材料种类、装饰方式等，制定出平方英尺建筑面积的消耗量和基价，作为所负责项目地区的造价估算标准，并以此作为依据，将数据输入电脑，推向市场。

（3）工程公司层次：为准确地估价和控制造价，美国工程公司 [如美国福陆公司（Fluor CORP）、柏克德集团公司（BECHTEL）] 都十分注意历史资料积累、分析与整理，建立起本公司一套造价资料积累制度，资料积累工作做得非常细致，甚至对现场工人每天的工时资料都做记录。他们也十分注意服务效果的信息反馈，并把向有关部门提供造价信息资料视为一种应尽的义务，这样就建立起完整的数据库，形成信息反馈、分析、判断、预测等一整套科学的管理体系。

Reed 商业咨询公司通过业务积累沉淀的资源建立了造价信息服务平台 RSmea-ns，它提供的信息非常精准与细致。从 1930 年或者更早，REED 咨询公司就开始收集、分析行业成本数据，经过 70 余年发展，经历了报纸、书籍、光盘、软件各种媒介的演变，最终成为一个拥有大量信息的庞大的网络造价信息在线平台。它基本覆盖了整个北美地区的建筑行业造价信息发布，是北美地区企业参考的主要行业数据来源，同时随着美国本土的建筑企业海外项目的积累，大量的海外建筑造价信息也补充进入 RSmeans 的数据库系统。

2.2.3　日本工程造价信息化

日本实行的是全过程造价管理，从调查阶段、计划阶段、设计阶段、施工阶段、监理检查阶段、竣工阶段直至保修阶段，均实行严格管理。日本工程积算是一套量价分离的计价模式，建筑学会成本计划分会制定日本建筑工程分部分项定额，编制工程费用估算手册，并根据市场价格波动变化进行定期修改，实行动态管理。

　　工程造价咨询业由日本建设省和日本建筑积算协会统一管理和业务指导。日本政府推进信息化建设的基本思路是：以企业为主体，中央政府、地方政府及公共团体分工明确。政府在信息化建设中主要发挥两方面的作用：一是为民间机构发挥信息化主导作用提供必要的环境条件，如制定信息化发展的相关法律法规，不断改进和完善政策措施等；二是推进民间机构力所不能及的领域的信息化建设，如政府信息化、研究开发民间机构无法独立进行的科研项目。

　　日本造价信息化建设，根据不同主体分为以下三个层次：

　　1. 政府层次

　　日本对政府工程的价格从调查(规划)开始直至引渡(交工)、保全(维修服务）实行全过程管理。而私人工程通过市场管理，用招标的办法加以确认。

　　日本建设省制定发布工程造价政策、法规、管理办法，对工程造价咨询业发展进行合理规划和控制，每半年调查一次工程造价变动情况，每三年修订一次现场经费和综合管理费，每五年修订一次工程概预算定额。此外，由财团法人经济调查会和建筑物价调查会负责国内劳动力价格、一般材料及特殊材料价格的调查和收集，每月向全社会公开发布人工、机械、材料等价格资料，并且还发布主要材料的价格预测及建筑材料价格指数等。调查会每月公布的价格信息主要为编制预算、标底、承包报价提供参考。

　　2. 专业团体层次

　　日本建筑积算事务所协会（JAQS）是以提高工程造价管理业务和专业人员的技术水平和社会地位为宗旨的组织。其工作的主要内容有：推进工程造价管理水平的调查研究；工程量计算标准、建筑成本等相关的调查研究；专业人员教育标准的确定、专业人员业务培训及资格认定；

业务情报收集；与国内外有关部门团体交流合作等。

3. 企业层次

日本各大积算事务所（即造价咨询公司），如桂积算等积算事务所，均建立各所的积算资料积累制度，对各类工程信息进行收集、加工、整理、分析，形成内部的积算资料库。

日本工程公司如大成建设（日本五大超级建设公司之一，其他为清水建设、鹿岛建设、大林组和竹中工务店）十分注重将先进技术应用于建设过程中，还专门设有大成建设软件分公司。大成建设信息化开发应用工作已有 40 余年的历史。近年来，信息化建设的投资额，每年约是总营业额的 0.3% ~ 0.4% 之间。目前大成建设开发和应用的关于工程造价信息的信息系统有采购管理系统、合同管理系统、施工项目信息共享系统、工程量计算系统、投标报价系统等。这些系统的投入使用，大大提升了公司的生产效率，给公司带来了巨大利益。

2.2.4 发达国家工程造价信息化建设特点总结

通过上述对发达国家工程造价信息化建设的分析，我们不难发现它们具有如下四个共同点：

（1）工程造价信息化建设的主体层次分明、分工明确，主要分为政府、专业团体、公司三个层次。政府通过制定相应的法律、制度、标准等，为民间组织（如行业协会）和企业提供必要的环境条件，进而发动民间的力量，促进造价行业信息加工、共享与行业发展；民间组织根据地区实际情况收集、整理各种工程造价信息，并有偿向业界提供，推动造价信息市场化运作；企业建立专门的信息处理中心，收集、整理各种信息，形成企业内部的工程造价信息库、数据库，将造价信息演变成企业的无形资产。

（2）工程造价信息是市场化的数据服务，特别是市场化体系发达的国家，显得尤为明显。

（3）工程造价信息服务只有根植于最基础的行业数据中，才能获得真实的、有效的信息。

（4）注重信息技术的应用。在造价信息管理过程中运用了大量软件、信息系统，供造价信息的共享与交流。

2.3 我国工程造价信息化存在的问题

随着工程造价咨询行业的蓬勃发展，我国工程造价信息化建设已取得显著的成绩。然而，成绩与不足同在，问题和难题均有。

2.3.1 工程造价信息存在的问题

1. 信息发布、更新不及时

调查显示，在工程造价咨询企业使用的工程造价信息存在的问题中，信息发布、更新不及时占到 60%，是最突出的问题。这主要是由于我国工程造价信息采集技术落后，各地区的工程造价信息系统与智能化数据库没有有机结合，使得信息收集、整理、加工、发布等工作需要人工辅助完成。采样点少、信息量不足、花费时间长、更新滞后，不能真实地反映造价信息实际动态，降低信息的时效性。

表 2-5 反映了工程造价信息网用户对于价格信息更新周期的期望值。因为材料价格信息的市场变化速度较快，而人工价格和机械价格相对稳定，所以用户对于材料价格信息的更新周期集中在每周或每两周，对于人工价格和机械价格的更新周期集中于每月。但是，目前各地造价信息网上的材料价格信息集中于每月更新，人工价格和机械价格大多为

按季度更新，并且由于工程造价信息采集技术依旧落后，各地信息网的价格发布有 2 个月以上的滞后，不能够满足用户的价格信息的需求。

用户对价格信息更新周期调查表 表2-5

种类	更新周期						
	7 天以内	每周	每两周	每月	每两月	每季度	每半年
人工价格	5%	5%	6%	59%	12%	13%	
材料价格	6%	42%	35%	15%	2%		
机械价格	2%	2%	2%	67%	16%	10%	1%

2. 信息准确度不足

图 2-5 表明，工程造价信息不准确是工程造价信息存在的第二大问题。也就是，20% 的被调查者认为工程造价信息网发布的材料价格信息整体上与市场价格相符，65% 的被调查者认为价格信息偏高，15% 的被调查者认为价格信息偏低，其中超过半数以上的被调查者认为工程造价信息网发布的价格信息整体上较市场价格偏高 10% 左右。由此可见，目前工程造价信息网上发布的价格信息的公信力存在不足。

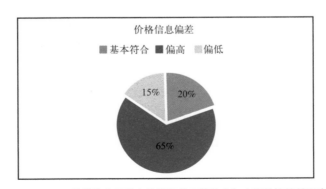

图 2-5 工程造价信息网发布的价格信息整体上与市场价格偏差程度

3. 缺乏信息数据标准

调查显示，缺乏信息收集、加工、发布标准是工程造价信息存在的第三大问题。工程造价数据标准方面，虽然住建部出台了《建设工程人工材料设备机械数据标准》，但工程造价信息化的发展需要全面的技术标准体系作支撑，不仅需要工料机数据标准、造价指数指标、成果文件标准，还需要工程造价信息收集和处理、交流和共享，以及相关配套技术标准。造价软件成果文件也存在不统一的情况，由于各软件提供方采用自主的技术标准和数据标准，使得运用不同软件所获得的成果文件之间并不兼容。定额编制方面，各地定额编写标准各异，各自为政，限制造价信息整体性的数据共享，不利于造价信息的交流和信息化。

4. 信息全面性不足

由图 2-6 可以得出，虽然目前全国各省份已有相对完善的政务信息、价格信息和计价依据，但是住建部要求的另外两项核心造价信息——指标信息、指数信息以及用户比较关心的典型工程案例的公开程度和质量

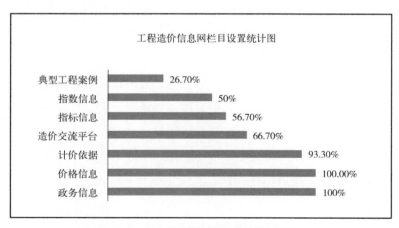

图 2-6　行业造价信息平台栏目设置统计图

不足。通过对各栏目的详细调查可以发现，全国大多数造价信息网站的价格信息、指标信息、指数信息、典型工程案例的种类尚有欠缺，信息的详细程度也有待进一步完善。

5. 行业权威的指数、指标体系尚未形成

工程造价指数反映报告期与基期相比的价格变动趋势，不仅是调整工程造价价差的依据，承发包双方进行工程估价和结算的指导，还可以预测工程造价变化对宏观经济的影响。我国目前发布的造价指数种类不足，缺乏完善的包含单项价格指数（如人工费价格指数、主要材料价格指数、施工机械台班价格指数等）和综合价格指数（如建筑安装工程造价指数、建设项目或单项工程造价指数、建筑安装工程直接费造价指数、其他直接费及间接费造价指数、工程建设其他费用造价指数等）的工程造价指数体系。

工程造价指标反映了单位建设规模的工程造价，包括总造价指标、费用构成指标，以及通过对建筑、安装工程各分部分项费用及措施项目费用组成的分析，得到的各专业人工费、材料费、机械费、管理费、利润等费用构成及占工程造价的比例。目前，我国发布的造价指标不仅内容不够全面，同时还存在与典型工程案例混淆的可能。

6. 没有充分利用已完工程资料

与发达国家相比，我国工程造价咨询企业对已完工程资料的信息收集不够重视。即使收集了已完工程资料，也未对已完工程资料进行分类整理与分析，导致大量的造价信息得不到整理和加工，使得信息价值不能很好地得到利用，对类似工程造价管理的帮助不大。

7. 信息深加工程度较低

信息可以是海量的，但是如何通过对海量信息进行加工，提升价值，正是我国信息化当前所面临的问题。信息加工不仅仅是指信息采集员通

过各种渠道采集价格信息和已完工程信息，更重要的还有专门工作人员对采集到的信息开展深度加工，得到工程造价指数和工程造价指标等造价信息。

8. 缺乏权威的工程造价信息系统

各地区政府或行业协会所建立的工程造价信息网，本应是当地最权威的工程造价信息系统。然而，目前各地工程造价信息网内容全面性、数据准确性、更新及时性、信息标准化均存在一定程度的不足，使得工程造价信息网权威性不够。

9. 政策保障不完善

一是整体规划的缺失，各利益群体没有明确分工，各自为政，造成大量重复工作，阻碍工程造价信息化发展；二是相关条例及管理办法待完善，目前缺少信息化管理办法及文件，需进一步完善以确保一个良好的工程造价信息化建设环境，保证工程造价信息化建设的顺利开展和实施；三是资金相关保障体系待完善，需完善相关的资金支持体系，帮助企业解决信息化建设资金不足的问题。

2.3.2　工程造价软件问题

1. 软件功能单一，全过程造价管理软件未得到普及

虽然计量计价软件得到良好的发展，但从工程造价咨询企业信息化建设现状调查显示，大部分企业信息化建设水平较低，工程造价软件系统功能较为单一，大多针对某一个阶段或某一参与方，有明显的局限性，不能满足各阶段的工程造价管理信息化需要；工具性软件仍停留在计量、计价阶段，还有很大的发展空间；与发达国家相比，全过程、全方位造价管理软件系统应用至今尚未普及，满足不了工程建设参与各方的全过程工程造价管理的需求。

2. 管理软件应用水平较低，缺乏信息管理系统

造价咨询企业目前已开始应用管理型软件来提高企业工作和管理效率。然而，这些软件大多局限在办公自动化、财务管理、管理信息（MIS），缺乏成熟的工程造价管理软件，现有的工程造价管理软件（如合同管理软件、项目管理软件等）应用水平较低，不能最大限度地提高企业管理水平。另外，绝大多数咨询企业尚未建立企业信息管理系统，即使有信息管理系统的企业多数仍处于简单的行政办公管理阶段，缺乏比较前沿的信息化技术，对于知识管理、BIM、云技术等技术的运用仍然不足，尚未发挥信息系统的核心价值。

3. 软件重复开发，形成恶性循环

目前，建筑市场中存在大量功能类似的工程造价软件，软件开发企业通过特定的数据格式，使软件生成的成果性文件只能在有限的品牌软件中使用，造成数据不能交流共享。各类工程造价软件及企业管理软件的通用性较差，软件的可维护性、扩展性及容错能力，均达不到企业管理平台的要求，企业管理模式和管理方式稍微变动，软件就无法使用。由于软件的可移植性、互操作性的不足，不能为企业提供一个集成通用的环境，导致软件重复开发。

近年来，软件行业开始更加开放，开始有意识的开放数据接口，针对之前各类工程造价软件及企业管理软件的通用性较差的情况已经得到改善。数据接口开放，对于促进工程造价数据积累和共享，规范工程造价成果及计价依据电子数据格式，便于不同工程造价软件的数据交换，实现工程造价文件标准化可以起到积极作用。但软件的可维护性、扩展性及容错能力仍需进一步改善，缺少工程造价标准化文件导致不同软件计算出的造价结果不同。

2.3.3　信息化专业人才问题

1. 缺乏信息化复合型人才

我国大部分工程造价从业人员知识面普遍较窄，技术能力和创新能力不足，知识结构很难达到复合型人才的要求。严重缺乏熟悉信息技术的复合型人才或懂造价和管理的复合型人才，整个行业又没有信息化专业人才培养计划和专业的行业信息化培训机构，导致我国工程造价信息化专业人才的来源减少。工程造价咨询企业也没有信息化专业人才的培养计划，对信息化的重视程度不够，直接导致从事信息化工作的人员减少。总之，信息化人才不管是质还是量都远远不足。

2. 信息化专业人才地位不确定

根据调查，虽然高达 70% 的工程造价咨询企业都有专职或兼职的信息化管理人员，但信息资源开发、处理人员的地位不确定，未融入行业人才体系，企业对信息化岗位没有绝对的重视，导致专门从事信息资源加工的人员缺乏专业意识，企业无法吸引高素质人员从事信息加工业务，造价专业人员也不愿意从事信息化相关工作。

2.3.4　行业信息化规划问题

承前述，工程造价管理主体对信息化认识不充分，政府主管部门对信息化重视程度仍需要加强，尚未出台相应的管理办法，整个行业也还没有统一的造价信息化建设战略布局。事实上，目前整个行业关注较多的是造价信息上报制度的建立和实行。在缺乏相应的法律法规和信息标准的情况下，各类造价信息就显得冗杂且质量不高。因此，政府需要通过拟订行业信息化发展规划，来促进造价信息的标准化、规范化，引导和规范市场行为。

虽然可以通过工程造价信息网发布各类工程造价信息，初步形成工程造价信息平台，但这些平台缺乏统一规划，建设标准不统一，平台内容不全面，信息互联互通性和兼容性弱，信息资源缺乏标准、准确性不足。可见，主管部门在工程造价信息平台建设和管理职责上，各自为政、权限不清，缺乏统一规划。

2.4 本章小结

本章首先回顾了我国工程造价信息化的发展过程，分析了当前相关的发展战略、政策法规、标准规范、政府职能、平台建设、造价咨询行业信息化、造价管理软件与信息系统，剖析了我国工程造价信息化遇到的问题。此后，本章在这些内容的基础上进一步探讨了英国、美国、日本三国工程造价信息化成功经验，从中归纳出它们在信息化建设中政府、专业团体、公司三方主体分工明确；工程信息服务只有根植于最基础的行业数据中，才能获得真实的、有效的信息；非常注重信息技术的应用，这些做法可供后续章节的研究参考。最后从工程造价信息、工程造价软件、信息化专业人才、行业信息化规划四个方面对我国工程造价信息化存在的问题进行了系统梳理。

第3章　工程造价信息化发展环境分析

3.1　国家信息化战略

国家信息化战略给出了我国信息化发展的指导思想、战略目标、战略重点、战略行动及其保障措施，是国民经济和社会发展整体战略的一个组成部分，其目的是推进信息化并加快我国现代化建设。我国工程造价信息化建设需遵循国家信息化战略的基本思想和方向，在国家信息化战略的指引下不断向前发展。

3.1.1　发展历程

一般认为，我国信息化建设可追溯到 20 世纪 80 年代初期，从国家大力推动电子信息技术应用开始，整个过程可以用四个阶段来进行反映，如图 3-1 所示。

3.1.2　战略目标

根据信息化发展阶段特点，我国制定了相应的战略目标，开展相关工作，加快建设步伐。2006 年发布的《2006—2020 年国家信息化发展战略》将我国信息化发展战略目标确立为：

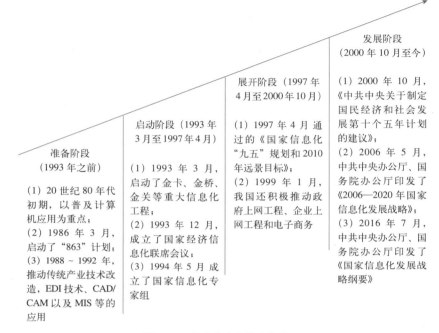

图 3-1　国家信息化战略发展历程

准备阶段
（1993 年之前）

（1）20 世纪 80 年代初期，以普及计算机应用为重点；
（2）1986 年 3 月，启动了"863"计划；
（3）1988 ～ 1992 年，推动传统产业技术改造，EDI 技术、CAD/CAM 以及 MIS 等的应用

启动阶段（1993 年 3 月至 1997 年 4 月）

（1）1993 年 3 月，启动了金卡、金桥、金关等重大信息化工程；
（2）1993 年 12 月，成立了国家经济信息化联席会议；
（3）1994 年 5 月成立了国家信息化专家组

展开阶段（1997 年 4 月至 2000 年 10 月）

（1）1997 年 4 月通过的《国家信息化"九五"规划和 2010 年远景目标》；
（2）1999 年 1 月，我国还积极推动政府上网工程、企业上网工程和电子商务

发展阶段
（2000 年 10 月至今）

（1）2000 年 10 月，《中共中央关于制定国民经济和社会发展第十个五年计划的建议》；
（2）2006 年 5 月，中共中央办公厅、国务院办公厅印发了《2006—2020 年国家信息化发展战略》；
（3）2016 年 7 月，中共中央办公厅、国务院办公厅印发了《国家信息化发展战略纲要》

综合信息基础设施基本普及，信息技术自主创新能力显著增强，信息产业结构全面优化，国家信息安全保障水平大幅提高，国民经济和社会信息化取得明显成效，新型工业化发展模式初步确立，国家信息化发展的制度环境和政策体系基本完善，国民信息技术应用能力显著提高，为迈向信息社会奠定坚实基础。

3.1.3　战略重点

《2006—2020 年国家信息化发展战略》着重部署了我国信息化发展的九大战略重点。其中，与本课题相关性较大的战略重点主要有如下六个方面。

1. 推进国民经济信息化

加快服务业信息化。优化政策法规环境，依托信息网络，改造和提升传统服务业。加快发展网络增值服务、电子金融、现代物流、连锁经营、专业信息服务、咨询中介等新型服务业。大力发展电子商务，降低物流成本和交易成本。

2. 推行电子政务

改善公共服务。逐步建立以公民和企业为对象、以互联网为基础、中央与地方相配合、多种技术手段相结合的电子政务公共服务体系。重视推动电子政务公共服务延伸到街道、社区和乡村。逐步增加服务内容，扩大服务范围，提高服务质量，推动服务型政府建设。

3. 加强信息资源的开发利用

建立和完善信息资源开发利用体系。加快人口、法人单位、地理空间等国家基础信息库的建设，拓展相关应用服务。引导和规范政务信息资源的社会化增值开发利用。鼓励企业、个人和其他社会组织参与信息资源的公益性开发利用。完善知识产权保护制度，大力发展以数字化、网络化为主要特征的现代信息服务业，促进信息资源的开发利用。充分发挥信息资源开发利用对节约资源、能源和提高效益的作用，发挥信息流对人员流、物质流和资金流的引导作用，促进经济增长方式的转变和资源节约型社会的建设。

加强全社会信息资源管理。规范对生产、流通、金融、人口流动以及生态环境等领域的信息采集和标准制定，加强对信息资产的严格管理，促进信息资源的优化配置。实现信息资源的深度开发、及时处理、安全保存、快速流动和有效利用，基本满足经济社会发展优先领域的信息需求。

4. 提高信息产业竞争力

突破核心技术与关键技术。建立以企业为主体的技术创新体系，强化集成创新，突出自主创新，突破关键技术。选择具有高度技术关联性和产业带动性的产品和项目，促进引进消化吸收再创新，产学研用结合，实现信息技术关键领域的自主创新。积聚力量，攻克难关，逐步由外围向核心逼近，推进原始创新，力争跨越核心技术门槛，推进创新型国家建设。

5. 建设国家信息安全保障体系

全面加强国家信息安全保障体系建设。坚持积极防御、综合防范，探索和把握信息化与信息安全的内在规律，主动应对信息安全挑战，实现信息化与信息安全协调发展。坚持立足国情，综合平衡安全成本和风险，确保重点，优化信息安全资源配置。建立和完善信息安全等级保护制度，重点保护基础信息网络和关系国家安全、经济命脉、社会稳定的重要信息系统。加强密码技术的开发利用。建设网络信任体系。加强信息安全风险评估工作。建设和完善信息安全监控体系，提高对网络安全事件应对和防范能力，防止有害信息传播。高度重视信息安全应急处置工作，健全完善信息安全应急指挥和安全通报制度，不断完善信息安全应急处置预案。从实际出发，促进资源共享，重视灾难备份建设，增强信息基础设施和重要信息系统的抗毁能力和灾难恢复能力。

6. 提高国民信息技术应用能力，造就信息化人才队伍

培养信息化人才。构建以学校教育为基础，在职培训为重点，基础教育与职业教育相互结合，公益培训与商业培训相互补充的信息化人才培养体系。鼓励各类专业人才掌握信息技术，培养复合型人才。

2016 年 7 月，中共中央办公厅、国务院办公厅印发了《国家信息化发展战略纲要》，本战略纲要是根据新形势对《2006—2020 年国家信息化发展战略》的调整和发展。《纲要》强调，要围绕"五位一体"总体布局和"四个全面"战略布局，牢固树立创新、协调、绿色、开放、共享的发展理念，贯彻以人民为中心的发展思想，以信息化驱动现代化

为主线，以建设网络强国为目标，着力增强国家信息化发展能力，着力
提高信息化应用水平，着力优化信息化发展环境，让信息化造福社会、
造福人民，为实现中华民族伟大复兴的中国梦奠定坚实基础。

《纲要》要求，坚持"统筹推进、创新引领、驱动发展、惠及民生、
合作共赢、确保安全"的基本方针，提出网络强国"三步走"的战略
目标，主要是：到 2020 年，核心关键技术部分领域达到国际先进水平，
信息产业国际竞争力大幅提升，信息化成为驱动现代化建设的先导力量；
到 2025 年，建成国际领先的移动通信网络，根本改变核心关键技术受
制于人的局面，实现技术先进、产业发达、应用领先、网络安全坚不可
摧的战略目标，涌现一批具有强大国际竞争力的大型跨国网络信息企业；
到 20 世纪中叶，信息化全面支撑富强、民主、文明、和谐的社会主义
现代化国家建设，网络强国地位日益巩固，在引领全球信息化发展方面
有更大作为。

3.2　全球信息化发展趋势

国家信息化发展战略是全球信息化重要的篇章内容，制定我国产业
部门的信息化发展战略需要密切把握全球信息化的发展趋势，充分估量各
种发展机会。互联网既是全球化或信息全球化的必然结果，又是将这一过
程不断推向前进的强大动因。研究机构（We Are Social）在 2015 年 1 月
发布的《2015 年全球社会化媒体、数字和移动业务数据洞察》指出，相
较 2014 年的报告，上网人数增加了接近 5 亿，达到 30 亿。今天，全球信
息化已不再是一个停留在纸面上的名词或概念，它已经全面进入我们的生
活，在各方面产生着影响，并成为一个显而易见的发展趋势。而大数据、
云计算、智能移动、社交网络是当今全球信息化未来发展的主要方向。

3.2.1 大数据

单从字面来看，大数据表示数据规模的庞大。但是，仅仅数量上的庞大显然无法体现"大数据"这一概念和以往的"海量数据"、"超大规模数据"等概念之间有何区别。大数据指的是所涉及的资料量规模巨大到无法通过目前主流软件工具，在合理时间内达到撷取、管理、处理，并整理成为帮助企业经营决策更积极目的的资讯。一般认为，大数据的特征是比较明确的"4V"，即高容量、多样化、持续性、高价值。其特点是基本构架、数据管理、分析挖掘、决策支持。

2014 年美国互联网数据中心 IDC 称，大数据技术和服务市场从 2014 ~ 2017 年的复合年增长率预计将达到 27%，增长速度是整个信息和通信技术市场增长速度的 6 倍，到 2017 年的市场规模将达到 324 亿美元。虽然还有许多没有预料到的情况以及还有许多需求和供应的变化，但是，IDC 预计这个市场在未来五年里将强劲增长。众所周知，建设工程领域的全生命周期建设一直以来都需要大量数据的支撑，无论从最初的设计数据，还是到后期的运维数据，每一项数据都是这个行业工作顺利进行的保障。目前，大多施工企业和造价专业人员还停留在依靠人的经验积累、普通计算机的表格化存储的阶段，在没有软件和系统服务的帮助下，一个工程项目的预算就可能需要几个月来完成。所以，对于工程造价行业的用户来说，需要一个平台来帮助处理这样庞大的数据资料，除了数据存储、分类、管理，还要对数据进行再利用，从而达到资源的优化配置，实现项目数据的最精益化管理。

只有大数据应用到造价管理工作中，建立方便的计算机管理网络，这样才可以有效提高项目的经营管理水平，才能将预结算人员从繁多的数字中解放出来，从而提高工作效率。

3.2.2　云计算

2006 年，谷歌推出了"Google 101 计划"，并正式提出"云"的概念和理论。随后，亚马逊、微软、IBM 等公司都宣布了自己的"云计划"，云计算在全球范围内扩散开来。

云计算 (Cloud Computing) 是一种商业计算模型，它将计算任务分布在大量计算机构成的资源池上，使各种应用系统能够根据需要获取计算力、存储空间和各种软件服务。云计算并不是革命性的新发展，而是数据管理技术不断演变的结果，如图 3-2 所示。

图 3-2　云计算的演进

经过几年的发展，全球云计算市场销售额从 2008 年的 470 亿美元增长到 2015 年的 1800 亿美元，如图 3-3 所示。贝恩咨询公司（Bain&Company）称，预计到 2020 年，全球云计算市场规模将达到

3900 亿美元，与 2015 年的 1800 亿美元规模相比，意味着该市场年均复合增长率将达到 17%。

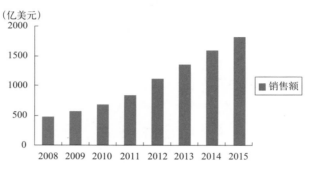

图 3-3   全球云计算市场规模走势图

从 2006 年"云计算"的提出直至现今，改变着全球 IT 领域发展的格局，云计算改变了传统以 PC 机为基础的生产模式，最终改变人们获取信息、分享内容和互相沟通的方式。在建筑市场上云计算也崭露头角，如工程造价建材信息服务云计算平台是利用云计算技术针对整个建筑行业构建了一个服务平台，对海量的造价信息存储和分析处理。提供建筑材料价格等信息服务，引导整个建筑行业朝着材料供求信息化的方向发展，提供及时、准确、全面的建筑业信息，提供建筑市场新服务。

云计算被视为科技产业的下一次革命，它将带来造价管理工作方式和造价信息服务商业模式的根本性改变。在中国，虽然云计算尚处于市场导入阶段，但云计算发展的速度及其影响力却相当惊人。

3.2.3   智能移动

智能移动终端是指安装具有开放式操作系统，使用宽带无线移动通信技术实现互联网接入，通过下载、安装应用软件和数字内容为用户提供服务的终端产品。

智能移动终端作为移动互联网发展的重要载体，其应用越来越广泛。据 2017 年 3 月 2 日外媒报道，美国互联网数据中心（IDC）表示，2017 年智能手机出货量预计可达 15.3 亿台，同比增长 4.2%；2018 年，增长率则会进一步提升至 4.4%。IDC 还认为，随着智能手机逐渐渗透进新兴市场，智能手机将迎来第二春，2021 年出货量可达 17.7 亿台。根据我国智能手机市场的一般观察，相信大多数人均不会怀疑 IDC 的预测，甚至认为其预测可能过于保守。根据思科公司第 11 次年度 VNI（Visual Networking Index）全球移动数据流量预测（2016 ~ 2021 年），到 2021 年全球手机用户数（55 亿）将超过银行用户数（54 亿）、自来水用户数（53 亿）和固定电话用户数（29 亿）。移动用户、智能手机和物联网（IoT）联接的迅猛增长，网络速度的快速提升以及移动视频消费的大幅增加，预计将在未来五年内促使移动数据流量增长 7 倍。这些均预示着智能移动化时代的彻底到来。

智能移动化时代的到来也为造价管理带来了福音。由于造价管理工作极为复杂、繁琐，仅仅依靠人工管理既耗时又费力，而且信息传递慢，延误时间，尤其对于时效性很强的索赔，到一定时限不能提供需要的信息会使索赔失败。如果借助智能移动在有限的时间内快速处理索赔事件，就可以大大减少索赔失败的发生。这仅仅是智能移动带来的小小福利，如果在造价管理中充分利用移动互联网技术还将可能带来项目监管、生产过程跟踪、信息反馈与汇报方式等的更多创新改变。

3.2.4　社交网络

社交网络是一个系统，系统中的主体是用户（User），用户可以公开或半公开个人信息；也可以创建和维护与其他用户之间的连接（或朋友)关系及个人预分享的内容信息(如日志或照片等);通过连接(或朋友)关系能浏览和评价朋友分享的信息。如今社交网络类型众多,尤其是移动社交网络发展迅速,既有很多生活娱乐类社交网络,如手机 QQ、微信、Facebook、陌陌、来往、比邻、快聊等,也有很多移动办公平台,如钉钉、口袋助理、企业 QQ(营销 QQ)等。越来越普及的社交网站背后隐藏着巨大的商业价值,并被各商家争先恐后地挖掘。

如图 3-4 所示,前瞻产业研究院发布的《2014-2020 年中国社交网络行业深度调研与投资规划分析报告》数据显示,2015 年,全球社交网络的用户数量达到 21.4 亿人,同比增长了 12.2%,社交网络用户数量占网民总数的比重达到 66.8%;2016 年全球约 23.4 亿人经常访问社交网络,年增幅 9.2%,占全球总人口的 32.0%,占网民的 68.3%,比重进一步上升;预计 2017 年全球社交网络用户达 25.1 亿人。

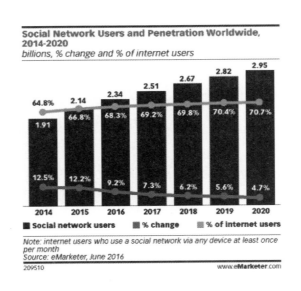

图 3-4　2014 ～ 2020 年全球社交网络行业用户规模变化情况及预测

社交网络已成为英国建筑企业与顾客最直接的沟通工具、项目介绍的最佳途径、企业开拓市场的最有效工具。在我国工程造价管理中，社交网络同样有其强大的用武之地。比如，通过社交网络可以实现造价人员在线交流和共享专业知识、造价信息的收集与使用等。

由以上分析可知：数据是业务应用的核心，对大规模数据的采集和基于大数据的商务智能是未来信息化应用建设的重要内容；云计算是未来支撑应用的信息化基础设施的主要存在形式；智能移动终端越来越多地成为信息化应用的接入渠道；社交网络是未来信息化应用的重要表现形式。

总之，全球信息化趋势为发展工程造价信息化提供了强劲的动力，政府主管部门可以通过数据来了解企业当前运行状态，企业可以对数据的加工、整理得到所需要的问题。工程造价咨询行业与信息技术的结合在 BIM、云计算、建筑一体化及全寿命周期等技术方面有广阔的发展前景，将开创工程造价信息化的全新时代。

3.3　我国工程造价相关行业发展环境分析

3.3.1　工程造价相关行业发展规模

1. 我国建筑业规模保持持续增长

建筑业是国民经济的重要物质生产部门，它与整个国家经济的发展、人民生活的改善有着密切的关系。2001 年以来，我国宏观经济步入新一轮增长周期，与建筑业密切相关的全社会固定资产投资总额增速持续在 15% 以上的高位运行。相应地，我国建筑业总产值也保持持续快速增长，建筑业总产值由 2006 年的 41557 亿元增长到 2015 年的 180757

亿元，2014 年及以前各年我国建筑业的总产值均保持了 10% 以上的高速增长，2010 年甚至达到 25.03% 的增长率，如图 3-5 所示。近几年建筑业已达较大的规模，产值增长率有所下滑，但仍保持了持续增长。从长期来看，我国城市化率仍然较低，公共基础设施的配套建设仍相对缺乏，未来建设需求仍会很大，建筑业作为国民经济的重要支柱产业，仍将对经济增长发挥重要作用，实现稳步发展。

图 3-5　2006 ~ 2015 年建筑业总产值及年增长率（数据来源：国家统计局）

2. 工程造价管理市场需求巨大

首先，随着市场竞争不断激烈以及建筑生产的集约化程度不断提高，建筑生产经济问题越来越成为人们关注的焦点，迫切要求大量的工程造价管理人才利用科学管理和先进管理手段，合理地确定工程投资价值。

其次，在确定工程造价的过程中，工程造价因其具有的各类属性，需要大量的从业人员。

（1）个别性和差异性：任何一项工程都有特定的用途、功能、规模等，所以在计算工程造价时，不能直接使用其他项目的数据，而要重新进行计算。

（2）动态性和层次性：在较长的建设期间，很多因素影响到造价的变动，随时需要造价人员对造价进行调整以及控制。同时，一个建设项目往往有很多层次，而层次越多，造价的计算以及工程管理的难度就越大，越需要大量的人才投入其中。

（3）复杂性：建设项目具有"周期长、单件价值高、产品组合复杂、价格涉及面广"等特点，需要大量的造价人员对项目进行全生命周期的跟踪管理，利用前人总结的指数指标等控制造价，并预测各种价格走势等。

（4）多次性计价：建设项目必须根据项目的进展情况，由粗到细、由浅入深地确定工程造价，项目进行过程中存在各种各样的原因造成多次性计价，从而需要大量造价人员的投入。首先，工程造价管理贯穿了整个项目的各个阶段，而不同阶段需要不同的计价方式，如：投资估算、概算、预算、结算、决算等。其次，对于不同主体，它们之间由于交易行为导致双方的立场、目的不同，所以双方在一些阶段要各自编制报价书。最后，当前政府部门的审计和评审都要求工程造价重复计算，计价次数过多，导致低层次需求多。

最后，工程造价管理服务多样化决定了工程造价管理市场需求巨大。工程造价人员不仅为建筑、房地产等相关市场提供服务，还为其他行业提供支持与服务。如现在拥有大量造价人员的工程造价咨询企业可以为司法鉴定提供相关的权威咨询；为工程建设保险业提供支持；随着建设项目代建制的全面推广，其还可以作为代建人全面介入工程项目管理。所以，工程造价咨询企业的服务多元化必将引导造价管理人才的迅速发展。

鉴于以上诸多因素，工程造价管理须为此需求提供有力的保证，工程造价管理市场仍有巨大需求。

3.3.2 工程造价咨询行业市场现状

产业组织学认为，市场规模与市场结构决定着企业行为和市场运行结果。因此，由工程造价咨询行业的总体规模可以分析出相应的产业结构和市场环境。

1. 工程造价咨询行业总体规模

工程造价咨询行业已有较大的行业规模，2015 年工程造价咨询行业全年实现营业收入 1075.86 亿元，其中，工程造价咨询业务收入 512.74 亿元，与我国注册会计师行业相当（2015 年我国注册会计师行业业务收入 689.71 亿元，但这一收入不只是会计咨询的收入，也包括审计等其他业务收入）。

据《中国工程造价咨询行业发展报告 2016 版》数据显示，截至 2015 年末，全国共有 7107 家造价咨询企业。其中甲级资质企业 3021 家，占比 42.51%；乙级资质企业 4086 家，占比 57.49%。专营工程造价咨询企业 2069 家，占比 29.11%，兼营工程造价咨询业务且具有其他资质的企业 5038 家，占比 70.89%；全国工程造价咨询企业从业人员 414405 人；造价咨询企业中共有注册造价工程师 73612 人（占全部从业人员的 17.76%），造价员 108624 人（占全部从业人员的 26.21%），共有专业技术人员 282563 人（占年末从业人员总数的 68.18%）。造价咨询行业的人均产值较高，全国造价咨询企业人均产值平均近 30 万元，行业领先企业的人均产值常可达 40 万~50 万元，个别领先企业的人均产值可达 80 万~100 万元。造价咨询行业的人均产值通常高于审计、会计行业。

2. 工程造价咨询行业的产业结构特征

（1）市场集中度低，竞争激烈

目前，工程造价咨询行业的 CR4（行业前四名份额集中度指标）和

CR10 都不到 10%，造价咨询行业处于前几位的领军企业的规模与其他中介行业相比有较大差距，资源分布过度分散。可见，我国工程造价咨询企业总数多、竞争激烈，不存在明显的集中现象。

（2）产品差别化不高，竞争力低

造价工程师的业务结构反映着工程造价咨询企业的业务结构。据相关调查，大多数注册造价工程师最主要业务量来自于结算编审，除此之外的其他注册造价工程师主要业务为概算编审、预算编审、清单及招标限价编审中的一种。由此可知，工程造价咨询行业的业务类型主要集中在传统的计量计价服务上，服务内容往往不具有完整性，业务差别化程度不高。目前传统计量计价服务的需求量较大，造价咨询企业尚能以单一的业务类型支撑目前的营业状况，这是行业里业务差别化程度不大的主要原因。

工程造价咨询公司的业务主要集中在传统的计量计价服务上，这种一致性使得核心产品相互之间形成了一定的可替代性。从组织质量来看，造价行业服务产品质量受项目经理或造价工程师个人能力影响较大，顾客更加关注于该项业务是否由自己信任的项目经理或造价工程师完成；加之大部分企业的产品质量管理体系不完善，报告质量受企业生产部门以外的其他职能部门的制约较小，企业的产品总体质量难以保证与提高。这导致工程造价咨询行业产品低水平的同质化现象严重，产品质量差别化程度不明显。

（3）资质管理要求偏低，市场壁垒不高

我国工程造价咨询企业的资质等级分为甲乙两级，截至 2015 年末，国内具有甲级工程造价资质的企业有 3021 家之多，不同造价咨询企业在资质上并无进一步区分，企业间资质区分度不足。

工程造价行业的经济性壁垒偏低，所需要承担的经济赔偿责任较小。

事实上，工程造价咨询企业运营所需要的特殊资源较少，特定的专利和专有技术应用十分有限，也不需要对大型机械设备等固定资产进行投入。企业的筹资压力小、运营成本低，沉没成本和生产专业技术难以构成阻碍造价行业中新企业进入市场的壁垒。且企业的服务内容是为顾客提供建议而不参与决策，所需要承担的经济赔偿责任较小。工程造价咨询业的企业类型以有限责任公司为主，大多数企业注册资金在50万～100万元之间，但是所承担的业务大多是投资数千万乃至上亿元的大型工程，少量的注册资金往往不能弥补由于工程造价咨询企业的服务失误给委托人所造成的损失，两者在权利与义务之间存在失衡。

3. 工程造价咨询行业市场发展环境

（1）经济环境

"十三五"时期，我国经济长期向好的基本面没有改变，发展前景依旧广阔。新型城镇化、"一带一路"建设为固定资产投资、建筑业发展释放新的动力、激发新的活力，建筑业体制机制改革和转型升级的需求不断增强。中央城市工作会议明确提出实施重大公共设施和基础设施工程，加强城市轨道交通、海绵城市、城市地下综合管廊建设，加快棚户区和危房改造，有序推进老旧住宅小区综合整治，以及工程维修养护。工程造价行业新的创新点、增长极、增长带正在不断形成，机制改革和转型升级的需求不断增强。

工程造价咨询行业为经济建设和工程项目的决策与实施提供全过程咨询服务。我国实行的是市场经济，价格机制是市场机制的重要组成部分，而工程造价咨询业能客观公正地为交易双方提供服务。随着我国市场经济与建筑工程市场的快速发展，我国基本建设投资规模呈逐年增长趋势，投资规模的扩大加大了投资管理的难度，此时工程造价咨询更能体现出其优越的地位。

（2）法律环境

工程造价咨询产业的法律环境有待加强。虽然过去国家有关部门相继颁布了一些法律法规，在资质资格等方面作了严格规定，但是工程造价咨询业在发展中出现的新问题仍缺乏相应的法律规范调整。例如：全国没有统一的收费标准文件、没有维权委员会、对于一些违法行为无法处罚或者处罚不力的现象等。随着《工程造价咨询企业管理办法》等相关法律的修订，以及相关部门对工程造价咨询行业监管力度的加大，工程造价咨询行业的法律环境将会得到进一步的改善，所以加快推动造价行业立法，是加强行业地位保障的唯一途径。

（3）市场认可度

工程造价咨询业与工程咨询业相比，由于行业主管部门和人员分散度的差异，工程造价咨询业在业务承揽和专业化人才方面处于不利地位。同时，由于工程造价咨询业仍是新兴行业，社会认知度与行业地位不高，信息化仍相对落后。

（4）竞争势态

我国工程造价咨询企业数量众多，但单家企业规模小，平均每家企业的年收入、从业人员的人均产值与相关行业比较，都偏低。业务差别化和产品质量差别化程度低，且资质区分度不高，这就导致了进入工程造价咨询行业门槛较低，所做的工作相互替代度高，彼此竞争激烈。

3.4　基于大数据时代的工程造价信息化分析

有学者指出大数据的四大特点：一是海量，大到"以目前的技术无法管理的数据量"；二是多样，数据种类复杂，非结构数据占到所存储数据总量的 75% ～ 95%，这些非结构数据无法以现在的技术手段与关系分析的数据库来处理；三是速度，数据产生的频率和传送频率非常快，需要进行实时处理；四是价值密度低，需从大量的低质量、低价值的数据中获取知识，犹如大海捞针，获取数据成本很高。大数据之所以能成为一个"时代"，很大程度上是因为它不仅仅是少数学者的研究对象，而且是一个由社会各界广泛参与的社会运动。

在工程造价行业中，数据量大且繁杂，如果一个工程项目没有软件和系统的帮助，那么只是材料价格的预算，就可能需要几个月来完成。因此，对于工程造价行业的用户来说，尤其需要一个平台来帮助处理庞大的工程项目数据、材料数据、价格数据等，并进行数据的再利用，以满足提高工作效率等各种各样的需求。大数据的价值体现在两个方面：分析使用和二次开发。大数据的分析使用可以辅助工程造价行业进行大量的数据整理、分析、储存等工作，从而提高工作效率；大数据的二次开发可以将造价行业的历史数据再次分析和利用，挖掘出更多的潜在价值。这对传统工程造价咨询行业来说，既是挑战，更是机遇。

3.4.1 大数据时代工程造价咨询行业发展的契机

随着科学技术的发展，大数据时代是当今互联网时代、云时代信息化发展的必然结果，各种先进技术正改变着各行业的生产方式，并产生了新的具有巨大价值的服务和产品，工程造价咨询行业也不例外。

1. 大数据时代的先进技术

最早提出大数据时代到来的是全球知名咨询公司麦肯锡，麦肯锡称"数据已经渗透到当今每一个行业和业务职能领域，成为重要的生产因素，人们对于海量数据的挖掘和运用，预示着新一波生产率增长和消费者盈余浪潮的到来"。这说明大数据中隐藏着巨大价值，而数据挖掘、云计算、移动互联网是大数据时代的先进技术，他们各自与大数据有着不同的关系，如图 3-6 所示。

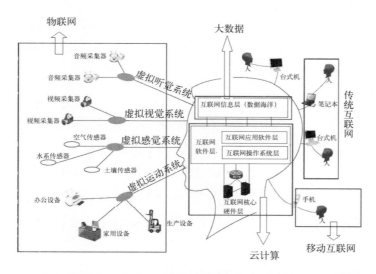

图 3-6　大数据、云计算、移动互联网关系示意图（摘自《互联网进化论》）

云计算和数据挖掘为大数据的处理和挖掘提供计算技术和计算环境，大数据推动云计算和数据挖掘的发展；移动互联网为大数据提供新的数据来源，数据分析能够针对每一位用户的手机信息做精准匹配。

（1）云计算

云计算是一种基于互联网的计算方式，通过这种方式，共享的软硬件资源和信息可以按需提供给计算机和其他设备。云计算主要为数据资产提供了存储空间和访问渠道，而数据才是真正有价值的资产，通过云计算对大数据进行分析预测，会使得决策更为精确，释放出更多数据的隐藏价值。

（2）数据挖掘

数据挖掘是指从数据库中提取隐含的、事先未知的、具有潜在有用信息和知识的非平凡过程。数据挖掘的基本步骤包括：数据清理、数据集成、数据选择、数据变换、数据挖掘、模式评估、知识表示。数据挖掘的两个基本目标是描述和预测，描述关注的是找出现有数据背后隐藏的规律或模式，预测则涉及使用数据集中的一些变量，用来预测其他被关心变量的位置或未来的值。

（3）移动互联网

移动互联网是一种通过智能移动终端，采用移动无线通信方式获取业务和服务的新兴业态，包含终端、软件和应用三个层面。终端层包括智能手机、平板电脑等；软件包括操作系统、数据库等；应用层包括商务财经类、休闲娱乐类、工具媒体类等不同应用与服务。移动互联网能更准确、更快地收集用户信息，比如位置、生活信息等数据，为大数据提供新的数据来源。

2. 大数据时代的服务与产品

大数据的出现，正在引发全球范围内深刻的技术和商业模式变革。微软公司全球资深副总裁张亚勤认为，对商业竞争的参与者来说，大数据意味着激动人心的业务与服务创新机会。最典型的就是谷歌的搜索，表面看只是搜索服务，实则是打通了产品、数据、云计算等多个范畴。谷歌公司以一种前所未有的方式，通过对海量数据进行分析，获得有巨大价值的产品和服务。第一，大数据的预测功能让服务和产品更符合需求。第二，大数据的分析功能促使产生新的有巨大价值的服务和产品。可见，大数据给各行业带来了产品和服务的创新，并将会在各行业继续发挥更大的作用。

大数据时代的先进技术在各行业已经有了不同程度的应用，创造了巨大的价值，也给这些先进技术在工程造价行业的应用带来了契机。传统的造价行业在处理业务时利用软件来辅助数据的处理，由于很多企业的信息化程度低，这些数据被处理后便被存储在电脑里，没有被及时共享，再利用时查找起来很困难。在造价咨询行业，大量的专业数据主要包括指标信息、价格信息、定额数据库等，如果能建立一个信息化平台，利用移动互联网、传统互联网等技术进行造价数据的采集，然后利用云计算和数据挖掘技术对采集到的造价数据进行分析和存储，进一步提升数据利用率。这将改变传统工程造价行业的经营服务模式，从传统的线下服务模式转变为充分利用互联网等技术的线上服务模式，从而提升工程造价行业的服务能力，这可能会引起服务成本的提升，但单位成本产生的价值将更大，大数据将给工程造价带来新的业态。

3.4.2　大数据时代工程造价信息化发展的契机

在大数据时代，先进技术的出现给工程造价信息化发展带来了契机，工程造价信息化利用先进技术所产生的价值不可低估，尤其当未来我国适应市场经济的工程造价管理体系得以完善，大数据对造价咨询机构和专业人员迅速以市场化的方式确定和管理工程造价将产生不可替代的作用。

1. 大数据时代的先进技术与工程造价信息化

互联网的发展为不少行业创造了发展机遇，而我国的建设行业一直都处于信息化发展相对落后的阶段，工程造价咨询行业一直停留在传统线下信息时代。作为一个需要处理大量繁杂数据的行业，工程造价信息化更应充分利用大数据时代的先进技术，提升行业竞争力。

（1）云计算与工程造价信息化

云计算是分布式处理、并行处理、网格计算、网络存储和大型数据中心的进一步发展和商业实现。云计算的基本特征有：随需应变的自助服务，无处不在的网络访问，资源共享池，快速而灵活，计量付费服务。基于"云"的服务平台、服务模式以让项目参建各方可以通过公有云和私有云方式，更自由地访问数据，更高效处理数据，更便捷的协作。通过云计算与造价信息化整合而成的平台，将工程的计量计价工作进行专业分解，然后放入"云端"，各专业独立完成工作，最后综合汇总，这样在保证质量的条件下，可大幅提高工作效率，降低生产成本。此外，造价工程师、材料设备供应商等利益相关者将工程计量计价所需的要素消耗量和价格信息上传到"云端"，信息服务商便可以集成和管理这些信息，为有需要的造价工程师提供云服务，实现互利互惠。

（2）数据挖掘与工程造价信息化

每个工程都会产生大量的数据，各个企业也通过工程积累了海量的数据，这些数据具有巨大的潜在利用价值，需要利用数据挖掘技术对这些海量数据进行挖掘，得到有价值的数据，而这些有价值的数据就是能够反映数据规律的数据模型和知识库。在工程造价管理中，政府和行业协会通过行业信息化平台的建设，不断收集行业管理和行业服务信息，形成行业内共有的政策法规库、企业资质管理库、计价依据库、造价指数指标库、已完工程案例库等；各企业通过工程造价全过程管理信息系统的建设，充分收集相关信息，积累企业的基础数据，形成企业自有的定额库、价格库等。政府、行业协会和企业各自利用数据挖掘技术，动态地对历史数据和新的工程数据进行提取和分析，得到有价值的数据，对工程造价进行全过程的管理与控制。

（3）移动互联网与工程造价信息化

移动互联网通过智能移动终端实现的搜索和定位等功能，可以让工程造价人员及时准确地获得需要的造价信息。从全球信息化发展趋势中对于智能移动终端发展的介绍可知，目前使用智能手机的用户已经非常普遍，那么工程造价人员可以在这样的智能手机里面安装一个查询价格信息的 APP 应用，通过这个应用软件在线搜索需要的材料，它会自动定位造价人员所在的位置以及这个材料在造价人员附近的具体方位，同时会显示销售材料厂商名字，并会自动把厂商的联系方式提供给造价人员，从而及时准确地获得材料价格信息。除此之外，工程的各参与者可以利用移动互联网方便快速地获得工程造价相关信息，在有限的时间内快速处理相关事件，减少和避免不必要的损失。

2. 大数据时代对工程造价信息化的要求

通过上述分析可知，工程造价信息化利用大数据时代的先进技术将产生前所未有的价值，但对工程造价信息化本身也有一定的要求。

（1）建立统一的标准

大数据时代先进技术在国内的发展，除了技术的突破，更需要标准的支持。一是建立全国统一的项目划分和编码体系，保证信息传输、数据处理、资料共享；二是要制定全国统一的工程造价软件接口技术标准，以便于工程相关成果文件的统一要求和信息交换；三是建立造价管理信息网络统一的数据库方法、数据格式标准等。此外，企业产生的数据也应符合一定的标准，如果产生的数据结果不规范，就会给数据的应用带来极大的困难。

（2）建立开放的信息化平台

目前，很多工程造价咨询企业的数据都比较零散，数据管理水平差，企业的数据处理和数据挖掘能力很弱，数据共享程度差，需要建立一个能够汇集大量数据的信息化平台，为大数据时代先进技术的应用做铺垫。各参与方通过开放性的通信网络和分布式的数据库系统，实时处理和分析数据，实现数据的采集、交换和共享，从而达到资源的优化配置，实现项目数据的精益化管理。

（3）建立科学的平台运营机制

信息化平台是大数据时代先进技术应用的基础，平台运营的好坏直接决定先进技术在工程造价信息化中应用的好坏。运营机制是研究在运行过程中各生产要素之间的相互联系和作用及其制约关系，是信息化平台运行过程中自我调节的方式。信息化平台运营涉及的内容多、范围广、周期长，建立科学的平台运营机制可以使信息化平台协调、有序、高效运行，增强内在活力和对外应变能力，从而使大数据时代先进技术在工程造价信息化中更好地应用，并使平台取得良好的经济效益和社会效益。

3. 大数据时代工程造价信息化对行业发展的影响

在工程造价咨询行业里，许多企业已经在信息化方面作出了贡献，给整个行业的商业模式带来了改变。例如，广联达一直致力于为建筑行业工程项目建设信息化提供产品和服务，主要产品为工程造价、工程项目管理等软件产品，其传统业务使得公司有更多的机会接触各地的材料价格信息，依靠材价信息采集团队和数据挖掘技术已基本能做到实时对获取各地建筑材料的价格变动数据，结合传统产品就能很好地满足客户招标、采购等各类需求。而随着云计算、数据挖掘和移动互联网的发展，广联达按照"云＋端"的方式运行数据信息服务，目前主要提供指标信息服务与材价信息服务两大数据应用的信息服务产品。这些业务一旦成熟以后，还可能引入广告业务等。这些服务和产品将会为各企业节约询价的成本，提高企业的工作效率。

同时，工程造价信息化将对整个工程造价咨询行业的劳动力结构和劳动人员专业素养也产生极大的影响。目前，比较前沿的 BIM 技术在工程造价行业的应用具有很好的前景，专业人员将图纸特征导入 revit 软件，生成三维模型，由软件直接计算工程量，并将计算的工程量导入工程预算软件，从而大大缩短造价人员完成基础工作的时间，这项技术对工程造价行业的发展势必将带来巨大的变革。第一，对概预算的人员数量需求将大大减少；第二，造价人员逐渐向收集市场信息、定额换算、定额的补充方面发展；第三，造价人员的工作尽可能向项目建设的前期发展，注重造价与设计的结合，能动地影响优化设计、工作重心放在工程造价的控制和提高造价工作的精确度上。

可见，大数据时代工程造价信息化正影响着整个工程造价咨询行业的生产和发展，这种趋势将不可逆转。

3.5 基于服务个性化、扁平化的工程造价信息化分析

造价信息服务个性化、扁平化体现为造价信息需求多样化、个性化和造价信息获取渠道多样化、扁平化两个方面，下面将从这两个方面进行工程造价信息化分析。

3.5.1 信息需求多样化、个性化

工程造价信息是一切有关工程造价的特征、状态及其变动消息的组合。工程造价总是在不停地变化，这就需要通过工程造价信息来认识和掌握工程承发包市场和工程建设过程中工程造价的变化，而市场对工程造价信息的需求又具有多样化的特征。一般认为，建设工程造价信息分为：政务信息、计价标准、计价依据、工程造价指标指数、工料机价格、在建和已完工程造价信息，以及其他工程造价信息。同时，市场对工程造价信息的需求具有个性化的特征，主要体现在不同工程项目需要的工程造价信息不同，对造价信息的要求也就不同。

市场对造价信息的多样化和个性化需求给造价行业信息化带来了机遇，需要建立一个信息化平台来实时提供给需求者多样化和个性化的造价信息，但这意味着对信息的收集和加工有更高的要求，进而加大了技术难度，给造价行业信息化带来不少挑战。

3.5.2 获取渠道多样化、扁平化

工程造价人员在完成业务时需要用到及时有效的造价信息，获取这些造价信息的渠道多样化，主要的途径包括行政途径、协会途径、企业内部途径、市场途径等。同时，扁平化也是造价信息获取渠道的特征，在大数据时代的环境下，软件和互联网等工具使得工程造价人员能够快捷获取准确的造价信息，实现造价信息点对点的服务，从而使得获取渠道扁平化。增强信息获取能力，缩短工程报价周期，是造价行业所要面对的问题，因此，充分利用各种方法，挖掘信息来源渠道，缩短获取信息时间，提高信息的获取能力是做好工程造价管理工作的基本要素。

多样化、扁平化的造价信息获取渠道，对于工程造价行业信息化既是机遇，也是挑战。多样化、扁平化的获取渠道需要通过信息化来实现，但同时要求建立科学的信息技术标准，才能使信息达到有效传递和共享的目的，怎样建立科学的信息技术标准就成为造价行业信息化所要面临的挑战。

3.6 建设项目各阶段的工程造价信息需求分析

3.6.1 建设项目全过程各阶段的造价表现

建设项目全过程各阶段均存在工程计价与管理活动。就工程造价咨询而言，它是一个不断与委托方交流、沟通的过程，企业通过这个过程了解和发现问题，为委托方提供解决问题的方案以及相应服务，对咨询成果进行控制和评估。

由于工程造价咨询企业的性质，其咨询服务应涉及建设项目的全过

程造价管理。如图 3-7 所示，建设项目全过程造价管理是指工程造价咨询机构接受项目法人、建设单位或其他投资者的委托，对建设项目从项目可行性研究、项目设计、项目招投标、项目施工实施、项目竣工决算、项目后评价的各个阶段、各个环节的工程造价进行全过程的监督和控制。

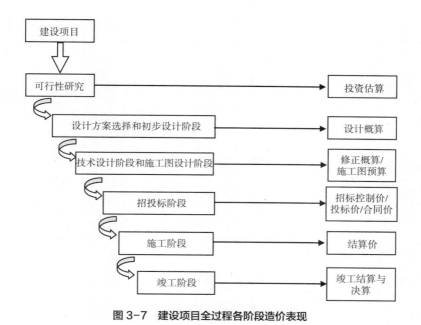

图 3-7　建设项目全过程各阶段造价表现

3.6.2　建设项目各阶段的工程造价信息需求

建设项目各阶段、各生产过程均涉及多个参与主体，不同参与主体在各阶段的工作内容不同，所需要的信息也有所不同。只有在各个阶段为每个参与主体提供其所需信息，才能创造价值。表 3-1 和表 3-2 是建设项目传统管理模式下各阶段不同主体与工程造价管理相关的工作清单以及各阶段所需要的造价信息列表。

工程建设各个阶段各主体与工程造价相关的工作清单

表3-1

阶段 主体	决策阶段	设计阶段	招投标阶段	施工阶段	竣工阶段
业主	项目建设目标的确定；参与经济性对比、方案比选；建设方案的确定；组织或参与编制投资估算的确定；固定资产投资计划的确定；制定项目的筹融资方案及资金使用计划	设计方案的经济性对比；限额设计指标下达及管理；组织并参与设计概算、修正概算、施工图预算的编审；编制项目投资/成本总控制计划	组织或参与编制并审核工程量清单、标底、招标控制价的确定和合同价款确定和调整	批准承包商的施工组织设计；编制施工阶段的资金使用计划；工程计量；审核工程进度款及项目其他款项的变更管理（自行变更、审核处理施工方或设计单位提出的变更）；审核或处理各项施工索赔事宜	组织或自行编制、审核竣工结算；编制并自审工程决算；进行项目后评估
造价咨询企业	协助业主进行经济分析与评价；编制投资估算；编制工程造价控制方案	协助业主进行概算、预算的编制和审核；被政府委托进行国有项目概预算的审核；协助业主进行设计方案竞选、优选方案的基础上修正投资计划	受业主委托的工作：编制工程量清单、招标控制价、投标报价分析；合同价款确定和调整。受政府委托的工作：标底、招标控制价的审核	受业主委托的工作：编制工程款计划书及现金流量表；工程进度款的审核与确定；编制变更报告及工程量变更款审核与确定；施工过程造价跟踪；工程索赔费用的审核与确定；纠纷调停。提供工程量及材料预算价格明细表；完善施工现场签证单；成本测算；资金计划的编制	受业主委托：编制、审核竣工结算；工程造价的经济分析。受政府委托：审核竣工结算
施工单位	/	/	编制投标报价书	变更方案设计	竣工结算文件的编制与对审
设计单位	/	配合业主编制概算、施工图预算	/	变更方案设计	/
政府	项目立项管理；投资估算审查、投资计划制定（只针对国有项目）	图纸审查；组织或参与概算审核（只针对国有项目）；设计过程中的纠纷解决	标底、招标控制价审核；招标过程中的纠纷解决	全过程或阶段性跟踪审计；纪检、财政的评审；纠纷解决	审核竣工结算；审计竣工决算

不同阶段的各主体需要的造价信息

表3-2

阶段 造价信息	决策阶段					设计阶段					招投标阶段					施工阶段					竣工阶段				
	业主	咨询	施工	设计	政府	业主	咨询	施工	设计	政府	业主	咨询	施工	设计	政府	业主	咨询	施工	设计	政府	业主	咨询	施工	设计	政府
投资估算指标	✓				✓																				
概算指标							✓		✓																
概算定额							✓		✓	✓															
预算定额							✓		✓	✓		✓		✓	✓		✓	✓	✓	✓		✓	✓	✓	✓
施工定额												✓		✓			✓		✓						
企业定额												✓		✓			✓		✓						
费用定额											✓	✓		✓	✓	✓	✓		✓	✓	✓	✓		✓	✓
市场要素价格	✓	✓				✓	✓		✓		✓	✓		✓	✓	✓	✓		✓	✓	✓	✓		✓	✓
指数	✓	✓				✓	✓				✓	✓		✓	✓	✓	✓		✓	✓	✓	✓		✓	✓
类似工程案例	✓	✓			✓	✓	✓		✓	✓	✓	✓		✓		✓	✓		✓		✓	✓		✓	
造价指标	✓	✓			✓	✓	✓		✓	✓	✓	✓		✓	✓	✓	✓		✓	✓	✓	✓		✓	✓

3.7　本章小结

我国工程造价信息化已经具备了良好的发展环境。国家信息化战略的发展历程、战略目标、战略重点，为工程造价信息化建设提供基本思想和方向；全球信息化发展趋势（大数据、云计算、智能移动、社交网络）为发展工程造价信息化提供强劲的动力，工程造价咨询行业与信息技术的结合在BIM、建筑一体化及全寿命周期等技术方面有广阔的发展前景；我国工程造价相关行业的发展规模壮大和工程造价咨询行业市场现状为工程造价信息化创造良好的发展条件；大数据时代的先进技术（云计算、数据挖掘、移动互联网）、造价信息需求的多样化、个性化以及信息获取渠道的多样化、扁平化，为工程造价信息化的发展带来无限契机和挑战，并影响着整个工程造价咨询行业的生产和发展；工程造价咨询企业价值链分析为后续研究奠定了基础。

第4章 我国工程造价信息化的战略框架

4.1 工程造价信息化的概念、必要性和原则

4.1.1 基本概念

在《2006—2020国家信息化发展战略》里，信息化是指充分利用信息技术（包括计算机和网络通信技术），开发利用信息资源，促进信息交流和知识共享，提高经济增长质量，推动经济社会发展转型的历史进程。

工程造价信息化是指工程造价咨询企业或行业组织在传统的建设工程造价管理的基础上，利用信息技术，开发和利用工程造价信息资源，建立各种类型的数据库和管理系统，促进工程造价相关行业内各种资源、要素的优化与重组，提升行业现代化水平的过程。

工程造价信息化具体体现在工程造价咨询企业或行业相关组织利用计算机技术、网络技术、通信技术等信息技术，对工程造价数据与信息进行采集、表示、处理、安全、传输、交换、显现、管理、组织、存储、检索、开发与利用等过程，主要表现为开发和利用工程造价信息资源，建立各类型的工程造价数据库和造价管理决策支持系统等方面。

4.1.2　工程造价信息化建设的必要性

工程造价咨询行业是从事有关工程造价的信息、知识性的行业，造价信息管理是工程造价咨询行业开展管理工作的基础和前提。在这个信息大爆炸的时代，造价信息已经多到难于取舍且影响使用的地步，不仅如此，还存在信息发布和更新不及时、信息准确度和可靠度不够、缺乏信息标准等工程造价信息问题，这无疑加大了工程造价管理的难度。信息技术恰恰是信息时代的核心生产要素之一，工程造价咨询行业需要利用信息技术手段来做好行业内各种资源、要素的优化与重组，提升工程造价管理水平。工程造价咨询行业进行信息化建设的必要性体现在以下几个方面：

（1）行业信息资源开发与共享的需要。工程造价业务所涉及的法规、标准、定额及其他信息资源几乎全部需要集成和共享。目前，编制概预算、工程量清单等已实现计算机化，造价信息初步达到局部共享，行业管理走向网络化。随着信息技术的不断发展，信息化的各建设主体对行业信息资源的开发与共享的需求将会更加强烈。

（2）推进行业标准化、规范化的需要。在一个高度共享、不受空间限制的环境里，行业标准化和规范化关系到整个行业的长远发展。工程造价信息化是推动行业标准化和规范化的重要手段，可以在更大范围和更大时间里推动工程造价管理工作的互融互通，提高造价资讯的利用价值。

（3）提高行业管理和专业素质的需要。目前，行业诚信管理、企业资质管理、人员职业注册管理、专业人员业务培训等已部分实现计算机化、网络化，但离真正的信息化还远远不够，需要不断借助信息技术来实现高效管理和有效管理。

（4）企业提高自身"核心竞争力"的需要。对于企业而言，信息化的本质是要加强企业的"核心竞争力"。无论造价咨询企业或建设单位、施工企业，拥有充分、准确、及时的造价信息，就能提高业务水平。所以，信息化是取得行业竞争优势的必然选择。

总之，工程造价信息化已成为社会发展的必然要求，是全面提高工程造价管理水平的"垫脚石"。充分利用信息化管理手段，既是向国际接轨的需要，也是工程造价发展与变革的需要。

4.1.3 工程造价信息化建设的基本原则

工程造价信息化建设是一项长期而又艰巨的任务，实现我国工程造价咨询行业发展战略和发展目标，需要有条不紊地推进工程造价信息化建设方案。为此，课题组提出工程造价信息化建设应遵循以下基本原则：

1. 突出目的

不同的工程造价信息化建设主体，对信息化建设目的的诉求不同，辨明各个主体的建设目的与利益关切，关系到信息化建设方案能否得到具体实施。政府和行业协会作为本行业的宏观管理者，推动信息化建设就是为了更好地确保整个工程造价行业的宏观调控，实现行业管理现代化。企业作为现代社会的"细胞"，是市场经济的主体，面对激烈的市场竞争，开展工程造价信息化建设是为了更好地实现企业和工程造价的有效管理，提升项目的价值，最终提高企业核心竞争力。

2. 统一规划

信息化战略规划能够自顶向下地进行系统建设的统筹考虑，是信息化建设的实施指南，真正避免实施中的重复建设、保护信息化投资。在美国和德国，因信息化战略规划不当造成企业信息化建设项目不成功的比例高达 70%。信息化战略规划制定不当，问题往往在项目实施后期才能显现出来，势必会造成很多损失。工程造价信息化建设涉及政府、行业协会、企业等主体，建设过程纷繁复杂，为把握建设的总体框架、思路、步骤，需根据工程造价信息化各建设主体的产权关系和管理关系，全盘统筹信息化的各项事宜。

3. 分工明确

工程造价信息化建设需要政府、行业协会、企业等各方主体通力协作，各方主体职能分工明确是保障工程造价信息化顺利实施的前提。明确的职能分工应解决好由谁来主导工程造价信息化建设、由谁来建立信息库、建设哪些信息库、由谁来建立行业信息化平台等具有争议的问题，避免由于职责不清、分工不明产生的各自为政、重复工作等问题。

4. 制度保障

制度建设是工程造价信息化建设最根本的保障与支撑，其根本目的是清除工程造价信息化建设过程中的障碍，营造良好的工程造价信息化建设环境，最大限度地保障工程造价信息化建设的顺利实施。因此，政府和行业协会作为宏观管理者应建立和（或）完善工程造价信息化的法律法规，包括资金支持制度和管理制度。资金支持制度主要有财政支持、税收优惠、金融扶持等制度，帮助企业解决信息化建设资金不足的问题；管理制度主要有信息安全管理制度、信息资源管理制度等。同时，企业应根据自身情况建立企业内部的信息化管理制度。

5. 标准统一

标准是为了在一定范围内获得最佳秩序，经协商一致制定并由公认机构批准，共同使用的和重复使用的一种规范性文件。统一是为了确定一组对象的一致规范，其目的是保证事物所必须的秩序和效率。由于我国信息化统一规划工作相对滞后，缺乏统一的技术标准，从而导致信息传递不畅、信息管理系统重复开发，浪费大量资源。因此，在工程造价信息化建设中，应对照相关信息化技术标准体系，建立权威、统一、规范的工程造价信息化技术标准体系，为工程造价信息化建设提供技术支撑。

6.分段建设

信息化本身是一个动态发展的过程，随着经济的不断发展和新的信息技术的不断涌现，信息化的内容与理论也得到不断的充实和更新。具体到工程造价信息化的建设，存在一个逐步发展和完善的过程。那么，在信息化建设推进过程中，应根据各核心工作的具体情况，选择合适的工程造价信息化建设切入点，分阶段开展造价信息化建设。

4.2　工程造价信息化的目标体系

目标是个人、部门或整个组织所期望的成果。体系是一个科学术语，泛指一定范围内的（或同类的）事物或某些意识按照一定的秩序和内部联系组合而成的整体。目标体系由一个总目标和多个分支目标构成，各个分支目标以总目标为导向，即目标体系中的各个局部目标和阶段目标都是围绕一个总的方向制定的，同时，各个分支目标之间存在相互制约又相辅相成的关系，这种关系使得目标体系具有较强的层次性、逻辑性以及动态相关性。

由于工程造价信息化建设涉及的影响因素多，建设时间长，建设程序复杂，相应的目标体系需依据《2006—2020 国家信息化发展战略》《国家信息化发展战略纲要》、工程造价信息化的发展现状和发展环境、工程造价信息化建设的客观规律，遵照工程造价信息化建设的基本原则，并结合目标体系的含义来建立。先设立工程造价信息化建设的总目标，再以设定的总目标为导向，从工程造价信息化建设不同阶段需完成的核心工作入手，按照其内在的层次关系和逻辑关系设定阶段目标。

4.2.1　总目标

　　工程造价信息化建设的总目标是整个造价信息化的"中枢神经"，关系到整个造价信息化的战略规划，所有的工作都要根据总目标展开。为确定我国工程造价信息化的总目标，在广泛参阅文献的基础上，结合课题组对工程造价信息化的相关研究，拟订了七个工程造价信息化建设总目标。课题组通过问卷调查方式，咨询了北京、上海、重庆等地的工程造价咨询企业的领导、员工及行业主管部门，得到结果如图 4-1 所示。

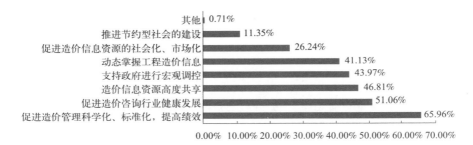

图 4-1　工程造价信息化的总目标

　　65.96% 的被调查者认为"促进工程造价管理的科学化、标准化，提高管理绩效、提升项目价值"是工程造价信息化的总目标，可见，大部分被调查者希望通过信息化改变传统的工程造价管理方式，提高工作效率。51.06% 的被调查者认为总目标是"促进工程造价咨询行业健康发展"，因为对行业管理者而言，工程造价咨询行业健康发展能提高投资效益，维护市场经济秩序，进而促进经济的发展；对从业者而言，工程造价咨询行业的兴衰关系从业者的就业问题，他们希望行业健康发展。此外，也有一部分被调查者主张将"工程造价信息资源高度共享、有效交流"设定为我国工程造价信息化的总目标。

根据我国工程造价信息化的发展现状、工程造价信息化发展环境分析、工程造价信息化的概念和基本原则，以及上述调研结果，将我国工程造价信息化建设总目标设定为：

"在完善的工程造价信息化组织架构和制度保障支撑下，构建一套基于信息技术、涵盖工程造价管理体系所有内容，具有科学权威、标准统一，集产、学、研、用为一体的工程造价信息化体系，为政府、行业协会和企业等各方主体提供有价值的信息服务，促进行业内各种资源、要素的优化与重组，提升行业的现代化水平"。

鉴于工程造价信息化建设是各建设主体为更好地利用工程造价信息而进行的不断打造良好造价信息环境的活动，并最终构成一个工程造价信息生态循环，我国工程造价信息化建设总目标亦可概括为：

"构建一个工程造价信息、信息人、信息环境'三位一体'的工程造价信息生态系统"。

（1）工程造价信息：包括价格信息、计价依据、造价指数、工程（案例）信息、法规标准信息、技术发展信息等类型。

（2）信息人：指一切需要工程造价信息并参与造价信息活动的单个人或由多个人组成的社会组织。包括工程造价信息生产者、信息提供者、信息需求者、信息监管者以及工程造价信息化建设的管理者、引导者、行业自律管理者、支持者，这些角色都是由政府、行业协会、企业、其他专业机构、工程造价相关专业人士来扮演。

（3）信息环境：指与工程造价信息活动有关的一切自然、社会因素的总和。包括工程造价信息基础设施（通信系统、计算机系统、网络系统、信息产业建设、信息市场建设、信息服务建设等）、信息技术（信息获取技术、信息传递技术、信息存储技术、信息检索技术、信息加工技术和信息标准化技术、信息安全技术等）、信息制度（信息政策、信息法律法规、信息伦理等）3 个部分。

（4）工程造价信息生态系统：指在一定的工程造价信息空间中，人、人类组织、社区与其造价信息环境之间，由于不断地进行造价信息交流与造价信息循环过程而形成的统一整体。

4.2.2 阶段目标

工程造价信息化建设是一项长期性、综合性的系统工程，也是一个不断发展和完善的过程，应该分阶段进行。根据不同阶段实现的目标不同，将阶段目标划分为近期目标、中期目标、远期目标，它们的设定都是以工程造价信息化的总目标为导向，如图 4-2 所示。

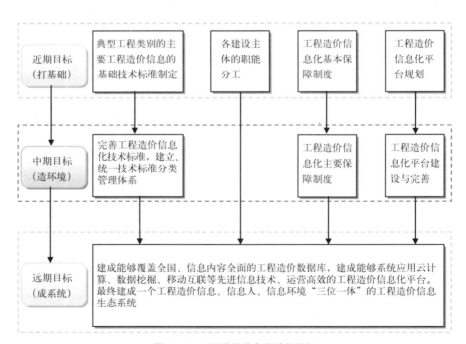

图 4-2　工程造价信息化阶段目标

1. 近期目标（打基础）

如前述，我国的工程造价信息化还处于初级阶段，各项基础工作都比较薄弱，为健康稳定地实现工程造价信息化，在信息化建设初期就应为整个造价信息化的顺利实施打好基础：完成典型工程类别的主要工程造价信息的基础技术标准的规划建设并实施；完成各建设主体的职能分工；建立工程造价信息化建设的基本保障制度；完成工程造价信息化平台的整体规划。

第一，完成典型工程类别的主要工程造价信息的基础技术标准的规划建设并实施。包括制定主要工程类别的工程造价信息概念标准、计算方法标准，完成工程造价信息化技术标准的建设规划，确定主要工程类别的要素价格信息、计价依据信息的数据格式标准、数据编码标准、收集与处理标准、交流与共享标准等的规划建设并实施。标准的制定是为了达到统一，以获得最佳秩序和社会效益。在造价信息化建设中，要解决各种网络之间的互联互通，网络与计算机之间的互联互通，行业内的互联互通，以及实现跨部门的信息系统协同，都需要以信息技术标准为基石。工程造价信息概念标准、计算方法标准等是造价信息标准化建设的基础技术标准，所以，在工程造价信息化建设初期，应完成典型工程类别的主要工程造价信息的基础技术标准的规划建设并加以实施，为工程造价信息化建设提供基本的技术支撑。

第二，明确工程造价信息化各建设主体的职能分工。为更好地发挥各建设主体在工程造价信息化建设中的作用，避免在信息化建设过程中出现各自为政、重复建设等现象，在工程造价信息化建设初期，就应明确各建设主体的职能分工，给造价信息化提供良好的组织保障。

第三，建立工程造价信息化建设基本保障制度。保障制度的建立是为了清除造价信息化建设的障碍，推进造价信息化建设的进程，营造良好的工程造价信息化建设环境，为工程造价信息化目标的实现提供保障，最终实现造价行业的可持续发展。因此，在造价信息化建设的初期，应该着手进行信息化基本保障制度的建设，为工程造价信息化建设的顺利进行提供基本的制度保障。

第四，完成工程造价信息化平台的整体规划。具体包括行业信息化平台、企业管理信息化平台和工程项目造价管理信息系统的整体规划。工程造价信息化平台的建设具有综合性、系统性、变化性和可持续性的特点，它是信息化平台规划和信息化平台实施这两个层次构成的动态螺旋式递进。信息化平台规划的目的是为信息化平台实施提供框架指南，那么在工程造价信息化的初期就应制定工程造价信息化平台的整体规划，以指导工程造价信息化平台的实施。

2. 中期目标（造环境）

为更好地利用工程造价信息，在这个阶段应打造良好的信息环境。不仅需要不断对上一阶段的工作进行完善，包括技术标准、保障制度的完善，也应同时进行本阶段的工作：建立工程造价信息化建设的主要保障制度；完善工程造价信息化技术标准，建立统一技术标准体系、分类管理体系；建设与完善工程造价信息化平台。

第一，建立工程造价信息化建设的主要保障制度。在完成基本保障制度建设的基础上，为给工程造价信息化建设营造更好的实施环境，在信息化建设中期就应根据实际需要建立主要的保障制度，从而尽可能多地清除造价信息化建设的障碍。

第二，完善工程造价信息化技术标准，建立统一技术标准体系、分类管理体系。包括确定主要工程类别的造价指标、造价指数、工程案例等信息的数据格式标准、数据编码标准、收集与处理标准、交流与共享标准，建立工程造价信息化技术标准分类管理制度体系，持续完善工程造价咨询产品生产和流程标准、产品和服务标准等。在建成典型工程类别的主要工程造价信息基础技术标准的基础上，为给工程造价信息化建设提供强有力的技术支撑，在中期应完善工程造价信息化技术标准，建立统一技术标准体系、分类管理体系。

第三，建设与完善工程造价信息化平台。目前，已建立"中国建设工程造价信息网"、"工程计价信息网"等国家层面的信息化平台，同时大多省份也已经建立了本地的工程造价信息网站，但信息网站的命名方式不统一，且各网站的栏目设置不太一样。所以，在这个阶段，未进行工程造价信息网站建设的省份应根据工程造价信息化平台的整体规划进行网站的建设和运营；已经建立了工程造价信息网站的省份应该进一步完善和统一数据库标准，实现同类数据库之间的共享与调用，并整合各地区现有造价信息网络的信息资源，及时准确发布工程造价信息，实现资源共享。政府和行业协会作为宏观管理者在建设并（或）完善自身的信息化平台的同时，应引导企业建设并（或）完善企业自身的信息化平台，与此同时，企业也应根据自身的情况进行信息化平台的建立和完善，包括企业管理信息化平台和项目造价管理信息系统的建设并（或）完善。

3. 远期目标（成系统）

在实现中期目标的基础上，通过逐步完善提高，建成能够覆盖全国、信息内容全面的工程造价数据库，建成能够系统应用云计算、数据挖掘、移动互联等先进信息技术、运营高效的工程造价信息化平台，最终建成一个工程造价信息、信息人、信息环境"三位一体"的工程造价信息生态系统，政府、行业协会和企业等各方主体在此系统中获取有价值的信息服务，从而促进行业内各种资源、要素的优化与重组，提升行业的现代化水平。

4.3 工程造价信息化的战略支撑体系

工程造价信息化建设的长期性和复杂性决定了信息化战略支撑体系须具备系统性、完整性和科学性等特征。一个系统、完整且科学的信息化战略支撑体系包括多个子体系，它们各自在工程造价信息化建设中扮演不同的角色。为此，课题组将工程造价信息化战略支撑体系划分为组织体系、制度体系、技术标准体系、信息化平台四个子体系。

组织体系的建设是工程造价信息化建设顺利实施的前提，也是其他子体系的制定者和建立者，组织体系的好坏决定了工程造价信息化建设的成败；制度体系是工程造价信息化建设最根本的保障支撑体系，建立制度体系的根本目的是清除工程造价信息化建设的障碍，为工程造价信息化建设营造良好的实施环境；技术标准体系是工程造价信息化建设总目标实现的关键环节，也是实现行业内工程造价信息资源高度共享的基础，并为造价信息化平台的建设和运营提供技术支撑；信息化平台是工程造价信息化建设的外在表现，也是促进行业、企业、项目的造价信息交流和共享的手段，并为行业内工程造价信息资源的共享提供平台。这四个子体系共同支撑工程造价信息化建设总目标的实现，促进工程造价咨询行业的健康稳定发展。

4.3.1 组织体系

目前，我国工程造价信息化还处于初级阶段，而工程造价信息化的建设是一个集体行为，需要建立一个强有力的组织体系来推进工程造价信息化的建设。我国工程造价信息化组织建设虽然具有了一定的基础，但还没有形成完整的体系，因此仍存在较多不足与问题。参加工程造价信息化建设的各主体在造价信息化建设过程中往往职责不清、分工不明，导致各自为政，重复工作等诸多问题的出现，严重阻碍了工程造价信息化的发展。因此，为推动工程造价信息化的快速、科学、持续发展，有必要对各建设主体的角色定位及其职能分工进行研究。

协同运行机制是不同建设主体在工程造价信息化建设中协同作用的方式，而良好的协同运行机制是确保组织体系良好运行、工程造价信息化得以实现的一个重要保障。因此，为给工程造价信息化建设提供强有力的组织保障，有必要进行工程造价信息化各建设主体协同运行机制的研究。

4.3.2　制度体系

信息化发展到一定的阶段，制度保障会超越技术保障的地位，信息化管理制度的不完善，造成信息化失败率高，也是信息化不能深入开展的重要原因之一。因此，有必要制定完善的信息化保障制度，保障工程造价信息化的顺利实施。制定造价信息化保障制度的前提是厘清工程造价信息化建设的障碍因素和驱动因素，本课题将通过文献综述、专家访谈、问卷调查等方式识别工程造价信息化建设的障碍因素及驱动因素。

课题组根据政府、外部市场和企业内部三个层面的造价信息化障碍因素及驱动因素，对应制定清除障碍和最大化驱动力的制度体系。首先，明确制度体系的基本框架；其次，拟订制度体系的基本类型；最后，研究各个制度的核心内容。这样便形成保障工程造价信息化建设顺利实施的制度体系。

4.3.3　技术标准体系

标准是人们为某种目的和需要而提出的统一性要求，是对一定范围内的重复性事务和概念所作的统一规定。标准又是一种特殊的文件，它是为在一定的范围内获得最佳秩序，对活动及其结果规定共同重复使用的规则、指导原则或特性要求。标准需要以特定的形式发布，作为共同遵守的准则和依据，其本质是统一。正如日本著名质量管理专家石川馨教授曾说过"没有标准化的进步，就没有质量的成功"。就如在尚未建立统一的工程造价信息化技术标准体系的情况下，参与工程造价信息化建设的各个行业、部门很难协作，大规模的系统开发、应用无法实施。因此，有必要对造价信息化的技术标准体系及其建设规划进行研究，为造价信息化技术标准体系的建设提供指导。

根据课题开展的造价专业人士问卷调查结论，为了满足工程造价的信息化管理，实现造价信息的交流共享，我们迫切需要建设的造价信息化技术标准，包括造价信息数据标准、造价信息收集和处理标准、造价信息交流和共享技术标准、工程造价信息化配套技术标准等。建设完成这些标准是一个庞大的工程，需要政府、行业协会、研究机构、相关企业等合作，分层次按步骤推进完成。

本课题将从工程造价信息化战略规划研究的角度，对各类工程造价信息化技术标准的内涵、建设目的、主要内容等进行相应的分析，对工程造价信息化技术标准建设规划做出框架式梳理，明确未来工程造价信息化技术标准建设的目标、思路、时序、主体等内容，以期指导更深入的工程造价信息化技术标准的建设规划和建设工作。

4.3.4　信息化平台

工程造价信息化平台是指在工程造价行业领域为信息化的建设、应用和发展而营造的环境。信息化平台基于明确的组织分工、制度体系保障以及技术标准的支撑建设和运营，通过造价信息化平台促进行业、企业、项目的造价信息的交流和共享。

工程造价信息化平台按照服务对象的不同可进而划分成行业信息化平台、企业管理信息化平台和工程项目造价管理信息化平台三大类，其中每类平台又可以根据使用群体和使用目标的不同，分为若干类型或若干子平台、子系统。为准确认识各类信息化平台在工程造价信息化建设中的地位和作用，课题将对各类信息化平台进行详细的介绍。

工程造价信息化平台的建设运营是一个持续改进、不断提高的过程，包括技术支撑、资源集成、管理优化、战略支持、持续改进五个环节。由于各类信息化平台具有不同的自身特点，所以其建设运营模式不能一概而论，课题将根据各类信息化平台的建设运营模式的自身特点，从投资模式、经营模式、盈利模式、信息来源模式等角度分别进行分析。

4.4　工程造价信息化战略系统框架图

目前，我国在工程造价咨询行业信息化战略系统架构方面的研究已经有了一定的成果。原中国建设工程造价管理协会秘书长吴佐民曾提出工程造价信息化应以中国的工程造价管理体系和工程造价信息管理的内容为基础，构建以方法库、工具库和数据库为主要内容的信息系统。《中国工程造价咨询行业发展战略研究报告》中提出工程造价咨询行业信息化总体架构由工程造价管理法规、工程造价管理标准、工程计价定额、工程计价信息、行业监督与服务管理平台、咨询企业信息化管理系统、咨询企业造价信息资源库、工程造价软件八大体系构成。基于这些已有的工程造价信息化战略系统架构研究成果，并结合课题组的相关研究，制定工程造价"三四三三"信息化战略。解释如下：

（1）三个层级

政府、行业协会、企业三方通力合作。

（2）四个支撑体系

组织体系、制度体系、技术标准体系、信息化平台。

（3）三类信息化平台

行业信息化平台、企业管理信息化平台、工程项目管理信息化平台。

（4）三个阶段

近期：完成典型工程类别的主要工程造价信息的基础技术标准的规划建设并实施、工程造价信息化平台整体规划、各建设主体职能分工、建立基本保障制度。

中期：完善工程造价信息化技术标准并建立统一技术标准体系和分类管理体系、建立主要保障制度、工程造价信息化平台的建设与完善。

远期：建成能够覆盖全国、信息内容全面的工程造价数据库，建成能够系统应用云计算、数据挖掘、移动互联等先进信息技术、运营高效的工程造价信息化平台，最终建成一个工程造价信息、信息人、信息环境"三位一体"的工程造价信息生态系统。

工程造价"三四三三"信息化战略系统框架图如图 4-3 所示。

从工程造价信息化建设战略系统框架图可以看出，各子体系之间存在着一定的关系，它们在工程造价信息化建设中扮演不同的角色，共同支撑总目标的实现。

（1）工程造价信息化的建设是一个集体行为，其过程中涉及了众多参与者，如何协调好各个参与者之间的关系，建立健全组织体系就成为了信息化建设顺利实施的前提。明确各建设主体在信息化建设中的职能分工，通过构建各建设主体之间的协同运行机制，促进各建设主体的正向作用与信息反馈，是工程造价信息化建设的首要环节。

（2）制度体系是工程造价信息化建设最根本的保障支撑体系。我国目前信息化进程较为缓慢，有着政府、外部市场和企业内部三个层级的

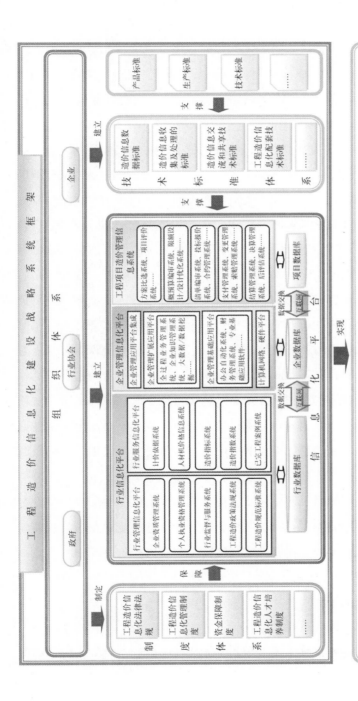

图 4-3 工程造价信息化建设战略系统框架图

总目标: 最终建成一个工程造价信息、信息人、信息环境 "三位一体" 的工程造价信息生态系统。

阶段目标: 近期目标、中期目标、远期目标。

障碍因素，因此应根据各层级的障碍因素分别研究政府驱动力、行业驱动力和市场驱动力。政府应制定相应的保障制度（如：资金保障制度、法律法规制度、造价信息化管理制度……），进而促进行业信息化建设与发展。

（3）技术标准的制定是信息化建设目标实现的关键环节，建立诸如：造价信息数据标准（概念标准、计算方法标准、数据编码标准等）、造价信息收集和处理标准（信息收集方法标准、信息处理方法标准等）、造价信息交流和共享技术标准（存储标准、传输和交换标准、网络标准）等，是信息化平台建设运营的基础。只有建立统一的造价信息标准化体系，才能打通数据流动的瓶颈，走出"信息孤岛"困境。

（4）信息化平台建设是信息化建设的外在表现。信息化平台按照服务对象的不同可划分为行业信息化平台、企业管理信息化平台和工程项目造价管理信息化平台。行业信息化平台根据平台的主要职能又可分为行业管理信息化平台和行业服务信息化平台。信息化平台的建设需要各主体的明确分工和协同工作，并依靠制度体系和技术标准为支撑。信息化平台基于信息技术而建立，并通过信息资源集成，不断对数据库进行优化补充，充分发挥信息化平台对造价工作的重要支撑作用，为行业内造价信息资源的交流与共享提供媒介。

通过以上组织体系、制度体系、技术标准、信息化平台四个战略支撑子体系的建立和完善，可以促进行业内造价信息的互联互通、共享再生以及动态管理，实现工程造价信息化建设的总目标。

4.5　本章小结

本章是工程造价信息化建设战略研究的总体规划布局，为后续研究提供基本思路和方向。工程造价信息化建设应遵循突出目的、统一规划、分工明确等基本原则，以保证建设工作有序进行；将总目标设定为构建一个工程造价信息、信息人、信息环境"三位一体"的工程造价信息生态系统，并以设定的总目标为导向，从工程造价信息化建设不同阶段需完成的核心工作入手，按照其内在的层次关系和逻辑关系设定阶段目标（打基础、造环境、成系统）；将工程造价信息化战略支撑体系划分为组织体系、制度体系、技术标准体系、信息化平台四个子体系，并通过工程造价信息化建设战略系统框架图表达各子体系之间的相互关系。

第5章 工程造价信息化建设组织体系

5.1 我国工程造价信息化建设主体

我国造价信息化还处于起步阶段，构建强有力的组织体系显得尤为重要。工程造价信息化建设组织体系一般由政府、行业协会、企业、个人等主体构成。这些主体通过开发和运用各种现代信息技术手段，采用多种服务方式，以发展工程造价信息化为目标，以为工程造价信息服务主体提供各种工程造价信息服务为核心，按照一定运行规则和制度所组成的有机体系。

政府是一个国家为维护和实现特定的公共秩序，按照一定的区划划分原则组织起来的，以强制手段为措施的政治统治和社会管理组织；行业协会是指介于政府、企业之间，商品生产者与经营者之间，并为其服务、咨询、沟通、监督、公正、自律、协调的社会中介组织；企业是从事生产、流通与服务等经济活动的盈利性组织；其他机构是指能为市场经济活动的进行提供支持、服务的组织；个人是指市场上从事经济活动，享有权利和承担义务的个体。

相应地，工程造价信息化建设主体主要有以下五类：

（1）政府：包括中央政府和地方政府。中央政府主管部门为住房和城乡建设部，地方政府表现为地方城乡建设委员会或建设厅及其下属的建设工程造价管理站。

（2）行业协会：主要是指建设工程造价管理协会，具体又可分为中国建设工程造价管理协会和地方建设工程造价管理协会。

（3）企业：直接参与工程建设全过程管理，能提供造价信息服务的相关企业，具体包括业主（如政府、企事业建设单位、开发企业等）、承包商（如土建承包商、水电安装承包商等）、造价咨询企业、材料供应商（如设备供应商、钢筋供应商、水泥供应商等）、设计单位、专门的信息服务机构等。

（4）其他机构：间接参与工程造价管理活动，开展与工程造价信息化相关活动的主体，主要包括理论研究与技术开发机构。理论研究机构能为工程造价信息化提供理论方面的支持，如住房和城乡建设部标准定额研究所、一些高校及专门成立的研究机构等。技术开发机构能为工程造价信息化提供技术方面的支持，主要包括一些软件开发机构，如广联达、斯维尔等。

（5）工程造价相关专业人士：与造价管理工作相关的从业人员，如造价工程师、造价专业人员、建造师等。

5.2　工程造价信息化建设主体角色定位与职能分工

5.2.1　工程造价信息化建设主体角色定位与职能分工研究的意义

项目管理理论指出，科学的组织体系是项目良好运行的前提。同样地，什么样的组织体系就决定着什么样的信息化建设效果，工程造价信息化建设也需要先建立一个良好的信息化建设组织体系。

如前述《关于做好建设工程造价信息化管理工作的若干意见》（建

标造函〔2011〕46号）对我国各级政府管理部门在工程造价信息化建设上的职能进行了规定，明确提出我国建设工程造价信息化管理工作实行统一归口，分级管理模式。然而这一文件仅仅对政府在工程造价信息化建设与管理上的职能进行了规定，没有对工程造价信息化建设所涉及的政府、行业协会、咨询企业、建设单位、相关研究机构等主体的职能进行科学定位和明确规定，导致我国工程造价信息化建设尚未形成完整的组织体系，参与工程造价信息化建设的各主体在实践中存在职责不清、分工不明、各自为政、重复工作的问题，不同主体对不同信息化建设工作由谁来主导，建什么样的信息库，如何运营等存在着较大争议。

以工程造价信息网的建设为例，如果我们没有清晰的职责分工，将可能导致建设主体各自为政，导致严重的重复建设和低质量的造价信息，如图5-1所示。

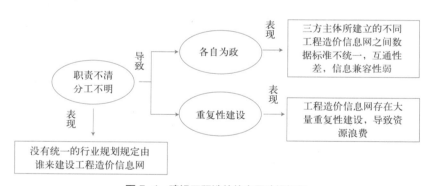

图5-1　建设工程造价信息网建设问题

2013年党的十八届三中全会指出"经济体制改革是全面深化改革的重点，核心问题是处理好政府和市场的关系，使市场在资源配置中起决定性作用"。为了深入贯彻落实党的十八大和十八届三中全会精神，住房和城乡建设部于2014年7月1日正式出台了《关于推进建筑业发

展和改革的若干意见》。《意见》确定了今后一段时间我国建筑业发展和
改革的指导思想与目标，提出要加快完善现代市场体系，充分发挥市场
在资源配置中的决定性作用和更好发挥政府作用，紧紧围绕正确处理好
政府和市场关系的核心，切实转变政府职能，全面深化建筑业体制机制
改革；要建立统一开放的建筑市场体系，进一步放开建筑市场，推进行
政审批制度改革，改革招标投标监管方式，推进建筑市场监管信息化与
诚信体系建设，进一步完善工程监理制度，强化建设单位行为监管，建
立与市场经济相适应的工程造价体系。2017 年 2 月 21 日出台的《国务
院办公厅关于促进建筑业持续健康发展的意见》提出了深化建筑业"放
管服"改革，完善监管体制机制，优化市场环境，提升工程质量安全水平，
强化队伍建设，增强企业核心竞争力，促进建筑业持续健康发展，打造
"中国建造"品牌等未来建筑业发展的总体要求。

因此，为了建设一个适应当前经济改革与发展形势的组织体系，
促进工程造价信息化的建设与发展，有必要进一步明确工程造价信息
化建设各主体的角色定位，科学分析构建各角色在信息化建设上的职
能与分工。

5.2.2　工程造价信息化建设主体的角色定位

1. 政府

政府是工程造价信息化建设的管理者。首先，工程造价信息化建设
是一项典型的市场经济活动，需要政府的宏观管理以规范信息化建设与
发展。宏观管理的方向应有利于高效集约利用各种信息资源，有利于充
分发挥社会资源潜力，这些都与政府负有优化社会资源配置、保障社会
公平的职责和目标相吻合。其次，政府作为建设行政管理部门，负有对
工程造价及其相关行业进行管理的职责，对行业进行管理也一定涉及行

业的信息化建设管理问题。

政府是工程造价信息化建设的引导者。政府是工程造价信息化建设战略框架的制定者，需要从全局、长远、战略的高度对全国工程造价信息化做出规划。政府也是工程造价信息化建设的推动者，政府应积极制定产业促进政策，激励企业进行工程造价信息化的建设。可见无论是战略框架的制定还是产业促进政策的制定，政府都在引导着工程造价信息化的建设。

政府是工程造价信息的提供者。在工程造价信息化建设中政府有两种身份：一是宏观管理者和行业管理者；二是政府投资项目的业主。作为宏观管理者和行业管理者，政府为工程造价信息化建设提供行业发展信息、企业和从业人员信息、政策法规信息、标准规范信息等。作为政府投资项目的业主，政府可为工程造价信息化建设提供国有投资项目信息（含造价信息）。政府投资项目作为全社会固定资产投资的重要组成部分，在整个国民经济中占有非常重要的地位，因此国有投资项目信息也是最重要的工程造价信息。

政府是工程造价信息的需求者。一方面，如前所述，政府是工程造价信息化建设的管理者。为做好行业管理，政府必须掌握大量、全面的工程造价信息化建设相关信息，如行业发展信息、企业资质信息、工程造价政策法规等。另一方面，政府是政府投资项目业主，为提高政府投资项目的投资效益和效率，政府也需掌握大量的工程造价信息，如已完工程案例、各种造价指数、指标等（图5-2）。

综上所述，政府在工程造价信息化建设的角色定位可概括为管理者、引导者、信息需求者、信息提供者。这些角色足以体现政府在工程造价信息化建设中的主体地位。政府在工程造价信息化建设中的具体职能我们将在下一小节阐述。

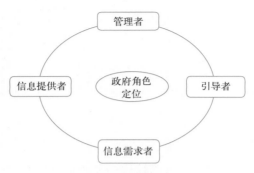

图 5-2　政府角色定位

2. 行业协会

行业协会是工程造价信息化建设的行业自律管理者。行业协会负有行业自律管理的职责。行业协会应当对参加工程造价信息化建设的企业进行管理，指导监督企业工程造价信息化的建设，协调企业的利益关系，避免恶性竞争，维护行业的可持续发展。

行业协会是工程造价信息服务的提供者。首先，服务功能是行业协会价值的主要体现，建设服务型政府和协会也是我国体制改革的方向，提供信息服务是协会发挥服务职能的最核心手段；其次，行业具有最强的行业信息、行业资源整合能力，在信息服务提供方面具有较强优势。行业协会主要向社会提供两类信息：一类是行业发展信息，如行业企业信息、从业人员信息、行业信息化的基本情况等；二类是量大而面广的各种工程造价信息，如计价信息、要素价格信息、造价指标、指数等。

行业协会是工程造价信息的需求者。一方面，行业协会服务着企业的工程造价信息化建设，只有行业协会全面掌握了有关工程造价信息化建设的各种信息，行业协会才能及时对企业造价信息化的建设做出指导支持。另一方面，行业协会需要为社会、为行业提供造价信息服务，这必须要有大量的工程造价信息作支撑。

　　行业协会是行业信息的上传下达者。行业协会是政府、企业之间的桥梁，行业协会应当在两者之间起到沟通协调作用。行业协会应及时将行业信息如行业发展状况、企业的集体诉求等及时上传给政府，同时也应将政府制定的政策法规等信息下达给企业，确保这些政策法规的顺利实施。

　　行业协会是工程造价信息化建设的支持者。为保障工程造价信息化的快速、科学、持续建设，行业协会应积极提供配套支持。比如，实行人才战略，为工程造价信息化建设提供人才支持；为一些没有技术进行工程造价信息化建设或建设过程中遇到技术难题的企业提供必要的技术支持（图 5-3）。

图 5-3　行业协会角色定位

　　综上所述，行业协会是工程造价信息化建设的行业自律管理者、信息服务提供者、信息需求者、行业信息的上传下达者、支持者。这些角色都将在工程造价信息化建设中起到巨大作用，因此行业协会在工程造价信息化建设中占有重要地位，其具体职能也将在下一小节中进行分析。

3. 企业

企业是工程造价信息化建设的信息制造者。参与工程造价信息化建设的企业有工程造价咨询企业、施工企业、房地产开发企业以及建筑材料生产厂家、经销商等，它们的任何生产经营活动中都包含着丰富的工程造价信息。比如造价咨询企业拥有委托建设项目的完整资料，包括项目的建设地点、规模、工艺、特点、变更、人材机价格、量价分析、预决算等；施工企业在工程具体实施过程中会产生大量工程造价信息；建筑材料生产厂家、经销商在其建材的生产和销售工作中会产生价格信息。因此，企业在工程造价信息化的建设过程中承担着信息制造者的角色。

企业是工程造价信息化建设的信息需求者。企业在生产经营过程中产生了丰富的工程造价信息，但在这个过程中企业还需使用工程造价信息，如各种造价指标、指数、建材价格、已完工程造价信息等。通过利用这些造价信息，企业可以节约成本，提高企业生产效率与项目投资效益，进而增强企业竞争力。

企业是工程造价信息化建设的专业化信息服务提供者。企业提供信息服务是一种让信息从无价变得有价的过程。在长期经营过程中，企业容易积累对某特定类工程的经验与工程造价信息。因此，企业在专业化信息服务方面相较于行业协会更具优势与能力，此时企业便可面向社会有偿提供专业化信息服务（图 5-4）。

综上所述，企业在工程造价信息化建设中的角色定位可概括为信息制造加工者、信息需求者、信息服务提供者。企业是工程造价信息化建设必不可少的主体之一，在下一小节也将具体论述它在工程造价信息化建设中的职能。

4. 其他专业机构

其他专业机构是工程造价信息化建设的支持者。它们主要提供理论

图 5-4　企业角色定位

研究与技术开发等与工程造价信息化建设相关的配套支持。

个别专业性的研究机构亦有可能成为造价信息服务的提供者。通过研究成果的市场化，面向市场提供专业化的造价信息服务。

5. 工程造价相关专业人士

与造价管理工作相关的从业人员，如造价工程师、造价专业人员、建造师等。他们在工作中利用工程造价信息开展工程造价管理业务，是工程造价信息的需求者；他们在开展工程造价管理业务的同时，也生产、积累工程造价信息，是工程造价信息的制造者。

5.2.3　工程造价信息化建设主体的职能分工

根据上述对工程造价信息化建设主体的角色定位，并结合我国当前正在进行的市场经济体制改革方向，参考借鉴各主体在工程造价咨询行业一般应发挥的职责作用，将政府、行业协会、企业在工程造价信息化建设中应具备的职能分析确定如下：

1. 政府

工程造价信息化建设中的政府职能见表 5-1。

工程造价信息化建设中的政府职能

表5-1

政府角色定位	中央政府职能	地方政府职能	关键职能	辅助职能
管理者	工程造价信息化相关法律、法规建设	地方工程造价信息化相关法规建设；国家相关的法律法规、政策文件的贯彻	✓	
	国家工程造价信息标准、规范体系建设	工程造价信息标准规范的贯彻；工程造价信息标准规范的细化和完善	✓	
	中央政府行业管理信息化平台建设	地方政府行业管理信息化平台建设	✓	
	政府必要的指令价格发布	地方政府指令价格发布		✓
	政府必要的指导价格发布	地方政府指导价格发布		✓
	企业、行业协会信息化建设活动的指导和监督			✓
引导者	工程造价信息化建设的产业促进政策制定	工程造价信息化建设的地方产业促进政策制定	✓	
	国家或行业工程造价信息化发展规划制定	地方工程造价信息化发展规划制定	✓	
信息提供者	政府投资项目造价指数、指标信息发布	地方政府投资项目造价指数、指标信息发布	✓	
	政府投资项目中央政府造价信息库建设	政府投资项目地方政府造价信息库建设	✓	
	政府投资项目中央政府造价管理信息平台建设	政府投资项目地方政府造价管理信息平台建设	✓	

一个国家的政府可以分为中央政府和地方政府，它们各自的职能有一定的关系。地方政府的职能是对中央政府职能的承接，也是对中央政府职能的延伸。这一点同样体现在中央政府与地方政府在工程造价信息化建设中应发挥的职能中。中央政府负责统筹管理，是对地方政府职能的整合；地方政府结合地方政府投资项目、地方特色等进行职能发挥，是对中央政府职能的细化。

根据政府不同的角色定位对政府在工程造价信息化建设上的职能分析论述如下：

（1）作为管理者

作为管理者，政府应给工程造价信息化提供良好的建设环境，运用宏观管理手段管理行业，规范行业的信息化建设与发展，并且发挥优化社会资源配置、保障社会公平职责。因此其职能主要可包括如下几点：

1）工程造价信息化相关法律、法规建设。由于工程造价咨询行业立法不完善，且有关建筑法律法规中很少涉及工程造价信息化方面的内容，加之缺乏信息传输、共享、安全防范等相关的法律支持，严重阻碍工程造价信息建设与管理工作的深入推进。因此必须加强工程造价法律、法规的建设来保障工程造价信息化的建设。而政府作为工程造价信息化建设的管理者，有必要由它来加强工程造价信息化相关法律、法规建设，保障工程造价信息化建设的顺利进行。

2）工程造价信息标准体系建设。我国现已经建立了相当数量的工程造价信息网，但由于尚未建立统一的标准体系，纵向和横向联系较少，达不到工程造价信息共享目的。因此政府有必要牵头建立工程造价信息标准体系，统一必要的信息标准。为保证信息标准体系能适应市场发展需求，行业协会和一些在行业内具有代表性的企业也应参与到信息标准的建设。

3）行业管理信息化平台建设。行业管理信息化平台包括企业资质管理系统、个人执业资格管理系统、行业监督与服务系统、工程造价政策法规系统、工程造价规范标准系统。政府作为行业管理者，应该负责行业管理信息化平台的建立、运行与维护。

4）政府指令价格发布。由于工程造价信息中涉及多种自然垄断经营的商品价格，如水电、燃气等。政府作为宏观管理者，有责任为这些产品定价并发布价格。

5）政府指导价格发布。政府指导价是指由政府价格主管部门或者其他有关部门，按照定价权限和范围规定的基准价及其浮动幅度，指导经营者制定的价格。政府作为宏观管理者，有必要为一些重要的市场要素价格作出指导。

6）企业、行业协会信息化建设活动的指导和监督。即对企业、行业协会的活动进行定期或不定期的监察督导。了解和掌握企业、行业协会的活动状况，监督其行为是否符合国家政策规定、工程造价信息化发展规划要求等，通过外部力量对企业、行业协会形成一定的制约机制，以确保工程造价信息化的正常实施。作为被指导监督的企业、行业协会则应积极配合政府开展检查活动。

（2）作为引导者

作为引导者，政府主要可从产业政策、发展规划两方面进行方向指引。因此，政府在工程造价信息化建设中的职能主要体现为以下方面：

1）工程造价信息化建设的产业促进政策制定。制定产业政策是政府的基本职能之一。在造价信息化建设前期，企业需要投入大量的资金、人力，企业不一定能够负担，并且前期效益并不明显，根据市场的特性，企业很难自发去进行，因此必须由政府来制定一些产业政策进行引导。如美国政府就对采用3D-4D-BIM技术的GSA项目，根据应用程度的不同，对项目承包方给予了一定的资金资助，从而引导信息技术的发展。

2）工程造价信息化发展规划制定。即对工程造价信息化发展进行总体布置。政府应从全局、长远、战略的高度对全国的工程造价信息化发展做出规划，把握整体发展方向。若政府不制定信息化发展规划，容易造成工程造价信息化发展的混乱局面，造成社会资源的巨大浪费。所以政府应及时发挥它的引导作用。

（3）作为信息提供者

作为信息提供者，政府不仅仅需要提供行业发展信息、企业和从业人员信息等（这类信息已在行业管理信息化平台中提供），更需要提供工程造价信息化建设、提供国有投资项目信息（含造价信息）。因此，作为政府投资项目的业主，它在工程造价信息建设中的职能主要包括以下几点：

1）政府投资项目造价指数、指标信息发布。作为政府投资项目的业主，政府有必要发布政府投资项目造价指数、指标信息等各种造价信息。

2）政府投资项目造价信息库建设。政府投资项目数量多且多数项目体量大，会产生庞大的工程造价信息资料，是非常宝贵的造价信息资源。政府作为政府投资项目的业主应将这些造价信息资源收集起来，建立政府投资项目造价信息库，以给以后的政府投资项目建设提供参考。如英国就是由政府环境部地产服务中心负责制定、发布和管理政府投资项目所使用的各类计价依据、指标和数据库。

3）政府投资项目造价管理信息平台建设。政府投资项目长期以来普遍存在超概算、投资效益不高、建设资金挪用和浪费等现象，政府作为政府投资项目的业主应该建设政府投资项目造价管理信息平台，以强化政府投资项目资金管理，规范投资行为，提高投资效益。同时，政府投资项目受到社会公众的广泛关注，政府应利用政府投资项目做好工程造价信息化建设的示范作用，从而更好地带动企业进行工程造价信息化建设。

需要说明的是，此处我们并未将"包括定额在内的计价依据的编制与发布"列为政府在工程造价信息化建设中的主要职能，原因分析如下：

计价定额本质上是一个数据库，它是我国政府建设行政管理部门及其下属建设工程造价管理机构长期以来向社会提供最多的造价信息。定额计价模式是我国早期使用的体现计划经济特点的工程造价计价模式，由于定额计价模式不能体现价值规律和社会供求关系，不利于企业之间的竞争和管理水平的提升，不适应市场经济体制的改革。为此，我国于2003 年出台了《建设工程工程量清单计价规范》，开始推行以市场为导向，符合生产要素形成机制，与国际惯例接轨的新型工程量清单计价与管理模式，又于 2008 年、2013 年分别出台了新版的工程量清单计价、计量规范，对工程量清单的计价体系和管理机制不断地改革和完善。工程量清单计价模式顺应了建筑行业的市场化进程，有效地推动了工程造价领域的市场化改革，但是我国目前的工程造价计价体系仍然存在着较多的问题，一个突出的问题就是当前我国的工程量清单计价体系仍然存在着严重的"计划经济"色彩。

尽管自 2003 年开始的清单计价改革已经使得定额从制度设定的原理上来讲不再是计划经济时代承发包双发共同使用的"强制式"的计价依据，业主根据政府发布的定额确定标底或者招标控制价，而投标人则根据自己的企业定额确定自身的报价，由于企业定额和政府确定的预算定额可能也应该不同，因此不同投标人的报价应该体现为依据不同的企业定额水平展现出不同的消耗量标准。然而由于我国施工企业很多没有企业定额，大家仍然在参考政府的计价定额进行报价，导致政府的计价定额仍然是承包商投标报价必不可少的依据。

从实际执行情况来看，我国各地预算定额的大多数分项工程的消耗量标准或定额预算基价均较市场价格高出一些，所以才有很多项目尤其是非国有投资项目在以定额为依据的价格基础上下浮一定百分比作为实际交易价格的常见做法。定额中的确也存在一些项目较市场实际价格偏低，导致定额无法作为双方接受的计价依据的情况。

定额的作用和好处被行业普遍强调，也常常被西方发达国家的同行所"羡慕"，所以很多行业内人士认为定额是中国的特色，应当也必须保留和发展。但是定额要发挥这些作用和好处需要定额这个数据库自身质量有保证，即定额要科学，要能够和市场对接、反映市场的实际水平。然而当前我国的定额动态调整机制尚未形成，按照以建设管理部门下属"造价站"为责任部门，以依赖大型建筑业企业的造价专业人才，少则每5年、多则10余年修订一次的定额确定模式显然无法保证定额的科学性和动态性。

实际上我国政府也一直在推动或者希望推动工程造价领域的市场化改革，也在弱化定额及政府信息价的指令性作用，而强调其指导性作用，然而由于建筑工程承发包交易双方、造价咨询机构、政府造价相关监管审计机构等基于保护自身利益、寻求"权威"依据以免责、降低工作难度等理由均有意或无意的强化了对政府发布定额的"尊重"，使得本来并未定位为"强制依据"的定额在工程计价中成为国有项目的普遍"权威"的依据。"定额"的消耗量及价格较实际市场越高，在国有投资建设项目上这种趋势就越显著，最终导致的是国有建设项目投资管理水平的低下，受损的是国家及全体纳税人的利益。

过分依赖定额使得投标人在报价时是以政府发布的定额为依据算出项目的造价，再根据行规、竞争需要做些适度的下调得到实际的报价，而不是根据自身的生产成本加上合理的利润确定投标报价价格，这样的报价使得投标人、中标人并不能够在清晰认知企业真实成本的基础上进行投标报价或组织生产，因此显然不利于"奖优惩劣"，不利于承发包双方的良性合作。这样的报价模式也使企业不太关注、弱化企业定额的建设，从而不利于企业自身定额的形成与完善，客观上导致我国造价改革10年来企业定额仍然普遍缺乏的现象。

基于上述理由，在"建立适应市场经济的工程造价计价体系"改革中，如果合理的看待"定额"的作用就显得尤为重要。针对这一问题，结合前面的分析，我们认为尽管定额的确对承发包双方科学确定工程造价、降低企业定价、交易成本、管理成本有积极作用，但定额的"强制性"、"权威性"、"法定性"却需要弱化，定额作用主要是一种协助企业定价的"参考"依据，仅仅是"参考"而已！

如何降低定额的"强制性"、"权威性"、"法定性"，除了加大宣传、允许建筑业企业对定额消耗量进行调整外，更重要的有几点：一是要改变当前由代表政府建设行政管理部门的地方建设委员会或其下属建设工程造价管理站（定额站）发布定额的模式，定额不应由政府牵头完成，不应通过"这是政府发布的定额"来确认定额的科学性，使得定额被广泛使用，而应通过市场的检验、通过市场的力量使得参加各方愿意参考这个定额；二是要在定额市场应用上引入市场竞争机制，鼓励行业协会、科研机构、大型企业发布定额，哪个定额科学就能获得更多的应用和价值；三是要通过改变定额的编制方式，使得定额的"社会平均"水平得以真正体现，使得定额能够真正和市场对接，能够真正担负起指导承发包双方科学确定工程造价的作用。

鉴于此，我们在本报告中不再强调政府的定额编制和发布职能。

（4）信息需求者

当政府作为信息需求者，政府的主要作用是为管理者与信息提供者这两个角色提供服务，它的职能也体现在政府作为管理者与信息提供者这两个角色所应发挥的职能中，因此在上述"工程造价信息化建设中的政府职能"表中并未列出政府作为信息需求者所应发挥的职能。

2. 行业协会

在分析行业协会在工程造价信息化建设中的具体职能前，可参考典型发达国家行业协会特点及职能。典型发达国家行业协会特点及职能概述见表5-2。

典型发达国家行业协会特点及职能概述   表5-2

国家	行业协会特点	行业协会职能
美国	不受政府干预，高度自治，独立性强，并以服务会员、维护会员合法权益为宗旨	(1) 企业自律； (2) 提供信息咨询服务和政府事务帮助； (3) 多向协调
法国	法国最典型的行业协会就是分布在全国各地的工商会，在法律授权下，它具有政府的某些行政职能，同时又是工商企业利益的代表	(1) 代表工业、商业、服务业企业，向政府提出法律议案或对政府法律议案提出意见； (2) 直接集资、投资建设一些大型项目； (3) 代表国家管理公共设施； (4) 教育培训； (5) 为企业提供服务； (6) 办理企业登记注册
德国	德国的行业协会主要是分布在各地的工商会。作为非官方性质的企业议会组织，工商会起着帮助和保护企业的作用，并以企业代言人的身份沟通企业与政府间的联系	(1) 积极反映会员企业的意见、建议和要求； (2) 积极支持企业发展，提供信息和咨询服务； (3) 负责指导企业抓好工人职业技能培训
日本	日本的行业协会吸收和借鉴了大陆法系和英美法系两个不同法系地区行业协会的有益做法和成功经验	(1) 促进政府与企业的结合，发挥政府与企业间联系纽带的作用； (2) 协调成员企业间的利害关系，维持正常的生产经营秩序； (3) 在成员企业间开展互利的产、供、销研究，推动所属企业的同步发展； (4) 共同建立企业经营外部环境，联合筹措资金和修建共同的生产辅助设施； (5) 集中搜集产、销情报，在成员企业间交换，增强企业对市场的应变能力； (6) 提供培训条件，提高企业人员素质

　　参考借鉴典型发达国家行业协会的职能，充分考虑我国行业协会与政府职能部门联系密切的现实和行业协会作为企业和政府间桥梁所具有的优势，结合工程造价信息化建设工作的特征，将行业协会在工程造价信息化建设中应发挥的职能总结为表 5-3 所列的各项职能。

工程造价信息化建设中的行业协会职能　　　　　表5-3

行业协会角色定位	中国建设工程造价管理协会	地方造价管理协会	关键职能	辅助职能
行业自律管理者	工程造价信息化相关法律法规的贯彻；工程造价信息化相关国家标准规范的贯彻与推广	工程造价信息化相关法律法规的贯彻；工程造价信息化相关国家标准规范的贯彻与推广		✓
	行业、协会技术标准、规范的制定和发布	国家、行业、协会技术标准、规范的贯彻推广；地方行业协会技术标准、细则的制定	✓	
	行业协会自律制度建设与运行	地方行业协会自律制度建设与运行	✓	
	企业信息化建设活动的指导和监督			✓
信息服务提供者	行业工程造价信息库建设	地方行业工程造价信息库建设	✓	
	行业服务信息化平台建设	地方行业服务信息化平台建设	✓	
	工程造价信息的研究和发布		✓	
	市场指标、指数的校验			✓
	行业发展信息的研究与发布	地方行业发展信息的研究与发布		✓
上传下达者	促进政府、企业间的沟通交流			✓
支持者	人才培养与考评工作的实施		✓	
	国内外工程造价信息化发展状况的研究			✓
	工程造价信息化建设相关展览、举办会议			✓
	协助政府制定工程造价信息化相关法律法规、产业政策等			✓

如上述中央政府与地方政府职能关系相同,地方造价管理协会职能是对中国建设工程造价管理协会(以下简称"中价协")职能的承接与延伸。中价协负责整个工程造价信息化建设的运作,是对地方造价管理协会职能的整合;地方造价协会则是将这些职能进行细化,使其与地方特色相结合,以保障工程造价信息化建设能在当地顺利、科学、持续实施。

根据行业协会在工程造价信息化建设中的不同角色定位,以下将对其角色相对应职能进行论述:

(1) 作为行业自律管理者

作为行业自律管理者,行业协会应对工程造价管理活动及工程造价信息化建设活动中的企业行为、从业人员行为作出具体规定和引导等,以更好地规范企业从业人员在工程造价信息化建设中的行为,维持工程造价信息化的可持续建设。行业协会作为行业自律管理者在工程造价信息化建设中的职能可概括为以下几点:

1) 工程造价信息化相关法律法规、技术标准规范的贯彻与推广。

2) 行业、协会技术标准、规范的制定、发布与推广。为规范工程造价信息化建设中会员企业的行为,让工程造价信息化更好更快地发展,行业协会应制定、发布和推广行业、协会技术标准、规范,如建设工程造价鉴定规程、建设项目工程竣工决算编制规程、建设工程造价咨询成果文件质量标准等。

3) 行业协会自律制度建设与运行。行业协会自律制度建设包括建立行业协会自律公约、行业/企业诚信机制等。通过行业协会自律制度的建设,可以更好地规范企业在工程造价信息化建设中的行为,协调同行利益关系,维护行业间的公平竞争和正当利益,保障工程造价信息化快速、持续、科学建设。

4) 企业信息化建设活动的指导和监督。在工程造价信息化建设过程中企业的生产经营行为必须符合工程造价信息化建设相关的发展规划、政策法律等。因此行业协会有必要对企业的活动状况进行定期或不定期的监察督导，打击违法、违规行为，保证工程造价信息化的顺利实施。作为被指导监督的企业则应积极配合行业协会开展检查工作。

（2）作为信息服务提供者

随着行业协会职能的不断改革，服务功能将成为行业协会价值的最主要体现，而且由于行业协会具有很强的行业信息、资源整合能力，在信息服务提供方面具有较强优势，因此行业协会应积极地为社会、为行业提供造价信息服务。行业协会应当成为行业内最主要的信息服务机构。

作为信息服务提供者，行业协会可具有如下职能：

1）行业工程造价信息库建设。行业协会要作为造价信息服务的提供者，需要有价值的工程造价信息库。因此行业协会应当依靠自身行业资源整合优势，利用市场手段和自身努力收集、汇总、加工、建设各类工程造价信息库。

2）行业服务信息化平台的建设。信息库的使用和推广、行业服务的开展均离不开信息化平台的支持。行业协会可通过行业服务信息化平台向社会提供各种造价信息。就代表全国从事工程造价咨询服务与工程造价管理的单位和具有资格的从业人员的全国性行业协会—中国建设工程造价管理协会而言，行业协会应当建设面向全国全行业的行业服务信息化平台。通过该平台，行业协会可向社会和全行业提供包括计价依据、计价信息、造价指标、造价指数、已完工程案例等在内的各类造价信息服务。

3）工程造价信息的研究与发布。行业协会除了收集行业各类造价信息外，还应研究、发布经过加工、整理的更有价值的造价信息，这些信息既包括可反映工程价格及其变动趋势的造价指标和指数，也包括承发包双方确定工程价格所需的各类计价依据（如定额）。此外，行业协会还应注重典型工程的造价信息分析，通过收集、研究、分析典型工程案例，提供具有代表性的造价信息数据供市场参考。就造价指标和指数而言，行业协会尤其应建立住宅和公共建筑工程造价指标和指数体系，为政府的宏观调控和相关企事业单位的投资决策、工程造价确定、控制和调整提供信息服务。

就定额等计价依据而言，定额好不好用取决于定额这个数据库的质量，因此尽可能提高定额这个数据库的质量就是定额发展改革的方向，而要实现这一目的，在定额市场上引入竞争机制，通过市场的检验、市场的力量选出参建各方都愿意参考的定额，使得定额能够真正和市场对接、反映市场的实际水平就是定额改革的方向，它符合"建立与市场经济相适应的工程造价体系"的要求。因此行业协会代表相对中立的第三方咨询机构研究发布定额等计价依据应当是行业协会必须担当的职责。

鉴于我国当前施工单位仍然普遍缺乏企业定额，这已成为我国建立与市场经济相适应的工程造价体系的障碍之一，因此行业协会通过不断提高自身定额研究和编制能力，亦可面向建筑施工企业提供专业的企业定额编制咨询服务以及培育施工企业编制符合自身生产能力水平的企业定额，这也是行业协会信息服务的体现之一。

4）市场指标、指数的检验。工程造价活动会涉及大量的市场指标、指数，而这些指标、指数通常没有经过校验，质量差、准确性低，极大影响工程造价质量。行业协会作为整个行业的监督与服务者，有义务对市场发布的指标、指数进行校验，提高其准确性，规范市场秩序。

5）行业发展信息的研究与发布。行业协会应对行业的发展信息，如行业结构、企业信息、从业人员信息、行业信息化基本情况、行业发展方向、发展战略、前沿技术等进行统计、研究并及时发布结果，供政府、企业了解行业发展情况。

（3）作为上传下达者

作为上传下达者，行业协会在工程造价信息化建设中的职能主要体现为如下职能：

促进政府、企业间的沟通交流。行业协会作为政府与企业之间的桥梁枢纽，有必要促进政府、企业间的沟通交流，以保障工程造价信息化的顺利实施。

（4）作为支持者

作为支持者，行业协会应积极地为工程造价信息化建设提供各种配套支持，如提供人才支持、技术支持、协助服务等。因此其职能可概括为以下几点：

1）人才培养和考评工作的实施。由于造价信息管理工作的特殊性，为确保产出的造价信息的准确性和权威性，行业协会应创新信息员管理机制，采取各种有效形式，围绕素质目标，制定专门的素质培养计划，有针对性地培养大量的、各类层次的、适应工程造价咨询行业发展的信息人才。同时，可建立一套科学的信息工作动态评价体系，由专门的评价机构对信息员进行考评，以数字化管理代替传统的软管理，实现对个人素质发展及工作情况"量体裁衣"。而企业则应积极配合行业协会所开展的各项人才培养、考核工作。此外，针对行业缺乏信息化人才，行业协会还应制定工程造价信息化专业人才培养计划，可在造价人员的继续教育中加入造价信息化专题，亦可组织造价人员进行专门的造价信息化学习。

2）国内外工程造价信息化发展状况的研究。行业协会应开展对国内外工程造价信息化发展状况的基础调查，对我国建设工程行业工程造价信息化水平（成熟度）作出评价；比较国内外区别，研究我国工程造价信息化发展面临的问题，为进一步推动造价信息化的发展提出建议，供企业和政府参考。

3）工程造价信息化建设相关展览，会议的举办。行业协会应多多举办与工程造价信息化建设相关的展览，展览内容可以为介绍国外造价信息化建设的先进做法、新型软件的介绍、信息化共享平台的功能等，旨在促进企业对工程造价信息化的认识与了解。另外行业协会也应多多组织会议，增强与企业的交流，及时解决企业在造价信息化建设过程中的疑惑与难题。

4）协助政府制定工程造价信息化相关法律法规、产业政策等。行业协会的服务对象不仅有企业还有政府。行业协会应积极协助政府工作，如协助政府制定工程造价信息化相关法律法规、产业政策。

（5）作为信息需求者

当行业协会作为信息需求者，行业协会的主要作用是为行业自律管理者与信息服务提供者这两个角色提供服务，它的职能也体现在行业协会作为行业自律管理者与信息服务提供者这两个角色所应发挥的职能中，因此在上述"工程造价信息化建设中的行业协会职能"表中并未列出行业协会作为信息需求者所应发挥的职能。

3. 企业

根据企业是工程造价信息化建设中的信息制造加工者、信息需求者、信息服务提供者这样的角色定位，可知他们在造价信息化中应具备表5-4所列职能。

工程造价信息化建设中的企业职能 表5-4

企业角色定位	企业职能	关键职能	辅助职能
信息制造者	企业造价信息数据库建设	✓	

续表

企业角色定位	企业职能	关键职能	辅助职能
信息需求者	企业管理信息化平台建设	✓	
	工程项目造价管理信息系统建设	✓	
专业化信息服务提供者	工程造价信息商业服务平台建设	✓	

（1）作为信息制造者

作为信息制造者，企业在生产经营过程中产生了大量的工程造价信息，为使这些造价信息能被充分利用，企业应及时将这些信息整理并保存，因此企业在工程造价信息化建设中的职能可概括如下：

企业造价信息数据库建设。包括已完工程数据库、工料机价格信息库、造价指标数据库等。由于企业是工程造价信息化建设的信息制造者，企业应建立企业造价信息数据库，及时保存各种造价信息。企业可根据自身情况，选择使用自主建设或沿用行业协会建立的数据库，但要求其数据标准等都符合政府数据标准要求。同时企业应按照规定将数据库的内容及时上传给行业协会，以保障行业内造价信息数据的交流与共享。若企业在建立造价数据库有困难时，行业协会则应积极提供帮助，协助企业去建立工程造价信息数据库。企业造价信息库的建设不仅有利于企业和行业的信息交流和共享，还有利于企业积累造价信息，为企业定额的建立奠定依据。此外，通过建立科学的向行业协会上传信息的机制，还可促进协会行业服务信息平台和造价信息数据库的建设，提高行业协会的定额编制能力，提高定额这一数据库的准确程度。

（2）作为信息需求者

作为信息需求者，企业在生产经营过程中需要使用到各种造价信息，为使企业能及时得到并利用这些造价信息，企业应发挥以下职能：

1）企业管理信息化平台建设。在建立好工程数据库之后，企业应按照政府规定的标准建立企业管理信息化平台，以便对各种造价数据信息的管理与应用。同时行业协会应积极协助企业，给予企业一定的技术支持。

2）工程项目造价管理信息系统建设。工程项目造价管理需要业主、施工企业、工程造价咨询企业等多方共同参与，并且它穿插在工程项目管理的各个过程之间，系统性极强。因此有必要让业主去建立一个工程项目造价管理信息系统，项目各参与方及时更新完善项目造价相关资料，便于工程造价信息的全面与动态管理。

（3）作为专业化信息服务提供者

作为专业化信息服务提供者，企业在专业化信息服务方面相较于行业协会更具优势与能力，为使企业能更好地进行专业化信息服务，企业应发挥以下职能：

工程造价信息商业服务平台建设。企业建立的信息服务平台，可为造价信息服务引入市场竞争机制。企业的人材机信息平台、造价指数指标平台、工程案例平台以及企业定额平台等，因企业大量真实数据的积累，而具有较高的准确性和实际价值。这时在这个商业服务平台上，企业便可通过提供专业化信息服务实现造价信息的有偿交易，促使造价信息进一步的共享与交流。通过市场的力量，企业的行业服务信息化平台与协会的行业服务信息化平台亦可能产生相互竞争，促进共同的成长。

根据上述对政府、行业协会、企业职能的梳理，可将三个主体的职能进行整合并列入表5-5中。

我国工程造价信息化建设职能分工表　　　　　　　　　　表5-5

职能	政府	行业协会	企业
工程造价信息化相关法律、法规建设	☆	△	
工程造价信息标准体系建设	☆	△	△
行业管理信息化平台建设	☆	△	○
工程造价信息化建设的产业促进政策制定	☆	△	
工程造价信息化发展规划	☆	△	
政府指令价格发布	☆		
政府指导价格发布	☆		
行业协会信息化建设活动的指导和监督	☆	○	
企业信息化建设活动的指导和监督	☆	☆	○
政府投资项目造价指数、指标信息发布	☆	△	
政府投资项目造价信息库建设	☆	△	
政府投资项目造价管理信息平台建设	☆		
行业协会技术标准、规范的制定和发布		☆	
行业协会自律制度建设与运行		☆	
行业工程造价信息库建设		☆	○
行业服务信息化平台的建设		☆	○
工程造价信息的研究和发布		☆	○
行业发展信息的研究和发布		☆	○
促进政府、企业间的沟通交流	○	☆	○
人才培养和考评工作的实施		☆	○
国内外工程造价信息化发展状况的研究		☆	
工程造价信息化建设相关展览，会议的举办		☆	○
协助政府制定工程造价信息化相关法律法规、产业政策等		☆	
企业造价信息数据库建设		△	☆
企业管理信息化平台建设		△	☆
工程项目造价管理信息系统建设			☆
工程造价信息商业服务平台建设			☆

注：☆——主办；△——协助；○——配合。

5.3　工程造价信息化建设主体协同机制

5.3.1　工程造价信息化建设主体协同机制构建目标

工程造价信息化组织体系的建设要有助于造价信息的形成、加工、交流、利用与再加工、再利用。因此，工程造价信息化建设的核心就是工程造价信息。而好的工程造价信息应符合以下三个要求：（1）有信息。获取信息的渠道应畅通、多样、科学，充分调动信息掌握者提供信息的积极性，保持信息的持续更新。（2）高质量。工程造价信息应具有准确性，并且应注重将造价信息进行收集整理，满足各个层次造价管理的需求。（3）易流通。工程造价信息在必要的数据标准上应统一，便于工程造价信息的流通与共享。

本课题作如下假设：

假设 1：造价信息的收集需要耗费各种资源。正是由于收集造价信息需要耗费各种资源，一定程度上阻碍了工程造价信息化的建设。

假设 2：好的造价信息具有价值。这是工程造价信息化建设的根本原因。

假设 3：造价信息不好会严重阻碍工程造价信息化的建设。

从图 5-5 可以看出，提供的造价信息量越多越好，信息库中数据信息就越全面，优质性更高，流通性更强，从而使用工程造价信息的人数就越多，提供工程造价信息的主体得到的利益越大，提供造价信息的积极性则会提升，促使它提供更多更好的造价信息。最终促进工程造价信息化的良好运行。

从图 5-6 可以看出，提供工程造价信息越少越差，工程造价信息就越不全面，质量、流通性更差，从而使用造价信息的人数也变少，提供

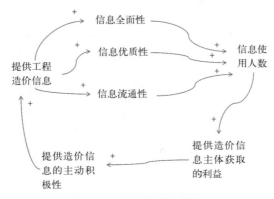

图 5-5　造价信息化建设良性循环图

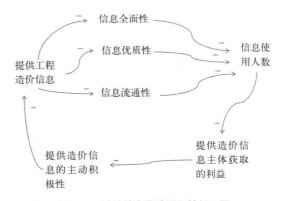

图 5-6　造价信息化建设恶性循环图

造价信息主体获取的利益就变少，提供造价信息的积极性则会下降，从而更加不愿提供工程造价信息。最终难以完成工程造价信息化建设。

　　在图 5-5、图 5-6 可以看出循环中环环相扣，无论哪一个环节做不好都会导致工程造价信息化建设的失败。如图 5-7 所示，整个造价信息化建设循环过程与工程造价信息化建设主体政府、行业协会、企业息息相关。政府、企业是提供工程造价信息的主要来源，也是工程造价信息的主要使用者；行业协会是工程造价信息的发布平台；工程造价信息的流通需要政府、行业协会制定法律法规、制度的保障等。从这些可看出造价信息协同与建设主体协同具有一致性。因此造价信息化建设的良性循环需要政府、行业协会、企业的协同运行，良性互动。为使工程造价信息化得以快速、科学、持续建设，有必要构建一个工程造价信息化建设主体协同机制。

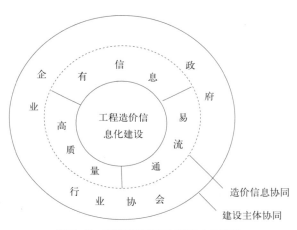

图 5-7 造价信息协同与建设主体协同

5.3.2 工程造价信息化建设主体协同机制构建

工程造价信息化建设主体协同的关键在于创造一种交流、沟通与工作方式，让各主体职能得到充分履行，改变现有工程造价信息化认识不足、重复建设等问题。因此，为保障工程造价信息化快速、科学、持续建设，可建立如下一种工程造价信息化建设主体协同机制：

（1）住房和城乡建设部建立工程造价信息化建设领导小组（委员会），负责全国工程造价信息化发展规划和重大决策等。根据需要亦可各行业各省级造价管理机构建立地方工程造价信息化建设领导小组（委员会），按照全国工程造价信息化发展规划制定本行业或本地区工程造价信息化管理工作的发展规划和实施细则。

（2）由行业协会负责工程造价信息化的具体实施，行业协会负责推动和指导全国层面及各地工程造价信息化建设，负责全国平台建设、制度建设、人才队伍建设等。行业协会可以吸纳一些典型的工程造价信息化做得好的企业及信息技术企业参与其中。行业协会还可以成立专门的业务对接部门、顾问委员会等。各地行业协会在中价协的协调与指导下负责本地的工程造价信息化建设。

（3）在国家与行业协会制定的工程造价信息化发展战略框架与自律制度下，企业应遵守工程造价信息化建设相关法律法规，遵循相关技术标准体系规定，有序地开展工程造价信息化建设活动，呈现出全国工程造价信息化一盘棋。同时，在专业化信息服务等方面，企业可自主选择建设信息库内容、方式等，以便让企业能自我地、灵活地发展工程造价信息化。

5.3.3　工程造价信息化建设主体协同机制运行基础与控制要点

工程造价信息化建设主体能够协同的运行基础是目标协同、利益协同。

（1）目标协同。在工程造价信息化建设各主体职能分工中可以看出，政府、行业协会、企业有着共同的目标，即工程造价信息化科学、快速、持续地建设。三个主体所开展的任何活动都是围绕这个为目标而展开。

（2）利益协同。政府、行业协会、企业在工程造价信息化的建设中均可获取一定利益。政府既作为管理者，又作为政府投资项目业主，在工程造价信息化的建设过程中，不仅可以更好地管理工程造价咨询行业，又可以提高政府投资项目效益；企业则可节约成本，提高企业生产效率与项目投资效益，从而提高企业竞争力；行业协会则能更好地服务政府与企业，提高办事效率，更好地体现行业协会存在的价值。

工程造价信息化建设主体协同运行的关键是控制好以下四点：

（1）工程造价信息化建设主体分工明确。由于之前的工程造价信息化组织体系建设不完善，各主体之间分工不明确、职责不清，严重阻碍了工程造价信息化建设的顺利进行。因此，为保证工程造价信息化建设主体能够协同运行，政府、行业协会、企业之间必须有明确的职责分工，不干涉其他主体的职能发挥。具体如政府作为宏观管理者，不应该过度干预工程造价信息化的建设，只能从产业政策与发展规划进行引导，应该尽量发挥市场的作用。行业服务信息化平台建设等类似市场化的职能应交由行业协会去执行。

（2）工程造价信息化建设主体应相互协助配合。政府、行业协会、企业虽然有了明确的职能分工，但在具体执行过程中往往还需要其他主体的支持与配合。正如上节所分析，政府的职能是进行法律法规的建设，建立全国统一的信息标准，制定产业发展政策等，而这些都需要行业协会的协助。单由政府一方制定，常常存在脱离实际情况、难以实施等问题，而行业协会代表着企业的利益，能实时把市场情况反映给政府，可以有效避免这些问题的发生。行业协会负责建立行业工程造价数据库，但这同样需要企业的配合。这些工程造价信息数据大多掌握在企业手中，若企业不配合共享这些数据，行业协会根本无法建立好行业工程造价数据库。企业需要建立企业工程数据库，一些没有实力自己建设数据库的企业可以寻求行业协会的帮助，行业协会有义务协助企业建立企业工程数据库。三个主体相互独立，但又相互配合，缺一不可。

（3）工程造价信息化建设主体实现良性互动。工程造价信息化建设主体协同机制的构建目标就是工程造价信息化得以快速、科学、持续建设，而工程造价信息化得以快速、科学、持续建设的基础就是工程造价信息建设主体实现良性互动。因此，工程造价信息化建设主体协同运行的控制要点之一就是工程造价信息化建设主体实现良性互动。

（4）工程造价信息化建设主体协同机制应保持动态性。工程造价信息化建设主体间的相互关系在实现工程造价信息化建设目标的过程中不是静止不变的，它需要根据造价信息化发展的实际需要，及时给予调控与修正，以保证工程造价信息化建设目标的实现。

5.4　本章小结

建立科学的工程造价信息化组织体系是实现工程造价信息化战略的重要前提。建设主体之间职责不清、分工不明确等问题会严重阻碍我国工程造价信息化战略的实现。因此，本章通过分析各主体在信息化建设中的角色定位，结合我国当前正在进行的市场经济体制改革方向，参考借鉴各主体在工程造价咨询行业一般应发挥的职责作用，整理出各主体在工程造价信息化建设应发挥的具体职能，使得主体之间职责清晰，分工明确，并且对政府、行业协会、企业的协同运行机制进行了分析研究，保障工程造价信息化组织体系的顺利建设，进一步推动我国工程造价信息化战略的实施。

第6章 工程造价信息化建设保障制度体系

6.1 工程造价信息化建设障碍研究

6.1.1 工程造价信息化建设障碍因素梳理

近年来，我国工程造价信息化建设得到快速发展，但相对工程造价咨询行业发展速度而言，其进程仍然比较缓慢，并且存在诸多问题。弄清制约工程造价信息化建设的因素，是我们研究保障制度体系的基础和依据，也是从根本上解决造价信息化建设缓慢的途径，本文将制约工程造价信息化建设的因素统称为障碍因素。

国内许多学者对信息化建设障碍已开展了大量的研究活动，并且取得了丰富的成果。研究的热点主要集中在国家信息化建设障碍、企业信息化建设障碍、中小企业信息化建设障碍等方向。然而，有关工程造价信息化建设障碍的研究十分匮乏，因此，联系工程造价信息化建设的现状及存在的问题，结合有关信息化建设障碍因素的文献综述，通过类比和归纳等方法梳理工程造价信息化建设的障碍因素。表6-1为列举出的部分学者有关信息化建设障碍因素的研究成果。

已有的信息化建设障碍因素研究成果　　　　　　　　　表6-1

文献出处	信息化障碍因素（国家、企业、中小企业）
张新红（2001）	领导的信息意识不足；国民信息能力不足；信息技术设施建设落后；信息技术水平较低；管理体制不完善；法律法规与标准规范不完善；电信资费较高；企业信息化水平低；信息资源开发利用不足；信用制度和支付体系不完善（国家信息化建设障碍因素）
李晓东（2001）	企业对信息化的认识不同、重视不够，领导者的支持与参与程度不强；企业对信息化的资金投入不足、信息人才缺乏；企业信息化建设成本高；企业管理基础薄弱、受内部阻力制约、信息管理不完善；企业信息化建设缺乏良好的外部环境（企业信息化建设障碍因素）
杨冰之（2004）	阻碍企业信息化的外部障碍：缺乏有效的电子商务环境及与外部缺乏低成本的合作
曾益坤、张琦（2005）	观念陈旧、重视不够；普遍缺少专项资金投入；管理水平低，缺少与信息化相符的管理体制；应用水平低，缺少信息化基础；需求不明确，缺少个性化解决方案；人员素质低，缺少信息化人才
陈玉和(2013)	中小企业管理者和工作人员对信息化重要性的认识不足，缺乏实施信息化的思想动机；中小企业在管理模式和制度上的缺陷；中小企业在产权制度、治理结构和分配制度等方面存在着不同程度的缺陷；中小企业长期资金缺乏以及投资结构不合理制约其信息化向广度和深度发展（中小企业信息化建设障碍因素）

如前述，企业和政府都是工程造价信息化建设组织体系的主体成员，造价咨询企业是工程造价信息资源的提供者、加工者和使用者，其自身的信息化建设直接影响整个行业的信息化建设水平，因此企业内部的信息化建设程度也是考量工程造价信息化建设水平的指标之一。

政府作为我国工程造价信息化建设的规划师和引路人，政府部门通过信息化发展规划、数据标准等方案的制定，在信息化建设的宏观指导上发挥重大的作用，但其宏观管控仍需完善。

市场则是介于政府与企业之间，不受二者影响，但市场环境会直接影响工程造价信息化建设进程。

根据工程造价信息化建设组织体系主体，拟将工程造价信息化建设障碍因素分为企业内部（表6-2）、外部市场（表6-3）和政府（表6-4）三个板块。

通过分析前述工程造价信息化建设的现状及存在的问题，结合上述文献总结的有关国家信息化、企业信息化建设及中小企业信息化建设的障碍因素总结各板块的障碍因素。

企业内部障碍因素 表6-2

I_1 企业对信息化认识不足	I_9 企业信息岗位地位较低
I_2 企业信息化建设思路不清晰	I_{10} 企业现有任务过重
I_3 企业对信息化需求不明确	I_{11} 信息化建设及运营成本高
I_4 企业综合实力不足	I_{12} 信息化建设周期长且复杂
I_5 信息化建设资金投入不足	I_{13} 信息化建设效果短期内难以体现
I_6 企业信息化管理基础薄弱	I_{14} 企业造价信息量不够且质量水平低
I_7 企业信息化技术水平低	I_{15} 企业信息服务体系不完善
I_8 缺乏信息化专业人才	I_{16} 企业信息技术与工程造价管理结合度不足

外部市场障碍因素 表6-3

I_{17} 信息化咨询体系不完善	I_{22} 行业、地域割裂，重复建设多
I_{18} 缺乏电子商务环境	I_{23} 缺乏信息收集、处理、加工标准体系
I_{19} 缺乏合适的信息化系统开发合作单位	I_{24} 缺乏产权保护
I_{20} 行业信息化中企业、政府、行业协会的职责分工不明确	I_{25} 信息化专业人才市场地位不明确
I_{21} 不同企业的信息化需求差异大，信息化产品难以市场化	I_{26} 缺乏信息安全保障系统

政府层面的障碍因素 表6-4

I_{27} 政府缺乏统一的信息化规划部署	I_{30} 政府资金支持力度不够
I_{28} 缺乏信息化建设保障制度	I_{31} 法律法规不健全
I_{29} 信息化政策环境不足	I_{32} 信息资源共享的信用制度不完善

6.1.2　工程造价信息化建设的关键障碍因素提取

根据上述得到的障碍因素，基于五级制的 Likert 等级量表（其中，5——障碍因素对信息化建设影响非常显著；1——影响不显著），采用问卷调查的方式邀请重庆、上海、北京等行业人士对各项障碍因素进行打分。收回问卷总数 150 份，根据问卷的完整性和初步可靠性得到有效问卷 126 份，采用 SPSS 软件分析有效问卷的统计结果。

首先，采用 SPSS 信度分析方法分别对三个板块的障碍因素进行信度检验，即统计数据的可靠性检验，得到相关系数（Cronbach's Alpha）依次为 0.828、0.832、0.909，均超过公认的可接受值 0.7，表明统计数据具有较高的内部一致性和可靠性。

其次，采用 KMO 抽样检验和 Bartlett 球形检验因子分析法，得出三个板块 KMO 值分别为 0.784、0.827、0.885，均大于 0.7，Bartlett 球形检验统计量的 Sig 值均为 0，小于显著水平 0.05，说明因子分析法适用于所有变量。

最后，用累积解释方差表示公共因子对各项指标的信息量包含程度，提取出关键因素。

由此得到"企业内部障碍因素"前 5 个因子的累积解释方差为 65.675% > 60%，将这 16 个变量用 5 个公共因子进行概括（表 6-5）。

企业内部障碍因素关键因子　　　　　　　　　　表6-5

关键因素	指标	因子荷载	校正题总相关	解释方差（%）	累积解释方差（%）
F_1	I_4	0.557	0.608	28.827	28.827
	I_5	0.660	0.571		
	I_6	0.665	0.569		
	I_7	0.806	0.726		
	I_8	0.666	0.642		

关键因素	指标	因子荷载	校正题总相关	解释方差（%）	累积解释方差（%）
F_2	I_1	0.843	0.737	12.268	41.095
	I_2	0.665	0.633		
	I_3	0.832	0.720		
F_3	I_{11}	0.687	0.608	8.436	49.530
	I_{12}	0.851	0.759		
	I_{13}	0.690	0.616		
F_4	I_{14}	0.474	0.540	8.236	57.767
	I_{15}	0.643	0.603		
	I_{16}	0.857	0.810		
F_5	I_9	0.692	0.610	7.909	65.675
	I_{10}	0.821	0.754		

结合各因子的特征，将企业内部信息化障碍的因子重新命名为：

（1）F_1——企业实力不足；

（2）F_2——企业对信息化认识不足；

（3）F_3——信息化建设自身问题；

（4）F_4——企业信息服务体系不完善；

（5）F_5——企业现有任务重。

类似地，"外部市场障碍因素"前 3 个因子的累积方差为 63.22% ＞ 60%，将这 10 个变量用 3 个公共因子进行概括，结果见表 6-6。结合因子特性将外部市场障碍因素的前三个因子重新命名为：

（1）F_6——信息化环境不足；

（2）F_7——缺乏信息安全及产权保护；

（3）F_8——缺乏信息标准体系，各主体职责分工不明。

外部市场障碍因素关键因子　　　　　　　　表6-6

关键因素	指标	因子荷载	校正题总相关	解释方差（%）	累积解释方差(%)
F₆	I_{17}	0.764	0.611	40.069	40.069
	I_{18}	0.740	0.573		
	I_{19}	0.742	0.613		
F₇	I_{24}	0.805	0.704	13.824	53.894
	I_{25}	0.662	0.612		
	I_{26}	0.849	0.736		
F₈	I_{20}	0.588	0.688	9.327	63.220
	I_{21}	0.727	0.590		
	I_{22}	0.792	0.698		
	I_{23}	0.458	0.496		

同理得到"政府层面障碍因素"的第 1 个因子的方差为 69.309% ＞ 60%，即这 6 个变量可用 1 个公共因子进行概括说明，结果见表6-7。将该因子 F_9 重新命名为：

F_9——政府支持不足。

根据关键因素的提取结果，按如下公式计算其重要性指数：

重要度指数 $=(a_1n_1+a_2n_2+\cdots\cdots+a_mn_m)/N \times 100/5$

式中　a_m——某一因素指标的得分；

　　　n_m——问卷中的某一因素指标具有相同得分的数目；

　　　N——本研究中有效问卷数目。

政府层面障碍因素关键因子　　　　　　　　表6-7

关键因素	指标	因子荷载	校正题总相关	解释方差（%）	累积解释方差(%)
F₉	I_{27}	0.859	0.738	69.309	69.309
	I_{28}	0.89	0.792		

关键因素	指标	因子荷载	校正题总相关	解释方差（%）	累积解释方差（%）
F_9	I_{29}	0.855	0.731	69.309	69.309
	I_{30}	0.848	0.719		
	I_{31}	0.752	0.566		
	I_{32}	0.782	0.612		

按重要性程度对9个变量的重要性进行排序，结果见表6-8～表6-10。

企业内部关键障碍因子重要性指数　　　　　　表6-8

关键因素	指标	重要性指数	排名	重要性指数平均值
F_1	I_4	55.71	15	61.90
	I_5	65.24	5	
	I_6	63.49	8	
	I_7	59.05	11	
	I_8	66.03	4	
F_2	I_1	57.14	12	55.29
	I_2	56.51	13	
	I_3	52.22	16	
F_3	I_{11}	64.44	6	67.62
	I_{12}	71.11	1	
	I_{13}	67.30	2	
F_4	I_{14}	64.44	6	64.71
	I_{15}	66.67	3	
	I_{16}	63.02	9	
F_5	I_9	56.35	14	59.44
	I_{10}	62.54	10	

外部市场关键障碍因子重要性指数

表6-9

关键因素	指标	重要性指数	排名	重要性指数平均值
F_6	I_{17}	74.29	1	68.31
	I_{18}	66.03	5	
	I_{19}	64.60	6	
F_7	I_{24}	62.54	10	63.49
	I_{25}	63.97	7	
	I_{26}	63.97	7	
F_8	I_{20}	68.25	4	68.25
	I_{21}	63.97	7	
	I_{22}	70.16	3	
	I_{23}	70.63	2	

政府层面关键障碍因子重要性指数

表6-10

关键因素	指标	重要性指数	排名	重要性指数平均值
F_9	I_{27}	74.29	1	70.40
	I_{28}	70.00	4	
	I_{29}	69.37	5	
	I_{30}	72.22	2	
	I_{31}	65.71	6	
	I_{32}	70.79	3	

　　综上所述，将工程造价信息建设的关键障碍因子汇总为 9 个，根据重要性指数得到表 6-11 所列的排序结果。

关键障碍因子排序 表6-11

	关键障碍因子 / 因素	排序
F_1	企业实力不足	7
F_2	企业对信息化认识不足	9
F_3	信息化建设自身问题	4
F_4	企业信息服务体系不完善	5
F_5	企业现有任务重	8
F_6	信息化环境不足	2
F_7	缺乏安全及产权保护	6
F_8	缺乏信息标准体系，各主体职责分工不明	3
F_9	政府支持不足	1

政府支持不足包括信息化整体规划不足、法律法规体系不足、保障制度不足、资金支持不足、政策环境不足等，政府支持不足在关键障碍中排名第一，突出政府在工程造价信息化建设的主体地位，同时对政府职能的全面性提出质疑，需要明晰政府与市场的服务边界，明确政府提供的工程造价信息服务清单，解决政府与市场的重复作为与不作为的矛盾。

6.2 工程造价信息化建设的驱动因素研究

6.2.1 信息化驱动因素的文献综述

当前，信息化已经成为企业创新和发展的重要驱动力，但企业信息化本身也需要合理的、正确的驱动力量，以确保企业信息化能够持续、稳定地向前发展。工程造价信息化建设同样需要驱动力来推动，驱动力一方面可以解决部分障碍问题，另一方面主动推进工程造价信息化建设进程，驱动因素研究通过文献综述类推得到工程造价信息化建设的驱动因素。

　　不同主体的信息化建设驱动力不同，学术界对信息化驱动因素已有许多研究，并取得了比较丰富的成果。由于学者们对企业信息化的认识和理解各有见解、分歧较大，因此所给出的诸多因素也会随外界环境和企业自身内在条件的变化而不同。现有文献偏重于企业信息化的驱动因素，没有专门针对工程造价信息化建设驱动因素，需要根据文献归纳演绎得出，下面列出几个具有代表性的驱动力研究成果，见表6-12。

已有的信息化驱动因素研究成果 表6-12

文献出处	信息化驱动因素
Swanson(1994)	业务驱动、技术驱动
陈国青等（2000，2004）	企业整体支持、IT 部门技术实力、企业给予信息化的实际推动力、外界环境稳定性、员工技术基础
张海滨、张杰慧（2006）	政府驱动、市场驱动及理论驱动
欧阳峰、李运河（2007）	企业内部信息需求、企业信息技术投入、企业高层领导支持、企业管理人员素质和企业员工信息意识、企业信息化外部环境
张明玉、李学军（2007）	环境驱动模式（宏观大环境、行业、竞争对手）、政府驱动模式、信息技术变化的驱动模式、市场（客户需求）驱动模式、供应商驱动模式、管理一体化驱动模式、竞争战略驱动模式、BPR 与企业信息化双向驱动模式
陈鹏飞、石洁、陈珍（2009）	信息需求、企业信息技术投入、企业高层领导支持、企业管理人员素质、企业员工信息意识、社会信息技术及社会信息系统方面的接口性因素
田安意(2010)	经济环境驱动、信息技术驱动、市场需求驱动、政府驱动、企业战略驱动五大因素
伍吉泽（2011）	业务驱动、战略驱动和创新驱动；技术驱动力、竞争驱动和风险驱动
阳向军、杨昕、韦沉沁（2013）	企业对信息化的整体支持、企业的信息化管理水平、企业在信息化方面的技术实力；企业信息化的外部环境、企业信息化互动程度

各类型企业信息化的驱动因素都不尽相同，但其都不能自动发挥作用，需要适当的动力机制来推动。一般情况下，具体的动力机制主要包括：（1）企业的智力、人力是内部动力机制的动力源。（2）信息差是内部动力机制的原始动力。（3）信息技术对该运行机制具有推进作用。（4）信息需求者对动力机制具有牵引作用。（5）资金是启动该运行机制的必要条件，某种程度而言，动力机制的某些内容也有驱动因素的性质，如信息技术、资金。当动力源、信息差产生后，且信息技术、资金、信息需求者匹配时，即信息系统的动力机制建立之后，企业信息集成系统才能正常运行，企业信息化的驱动因素才能发挥效用，促进企业信息化顺利实施。企业信息化关键驱动因子模型如图 6-1 所示。

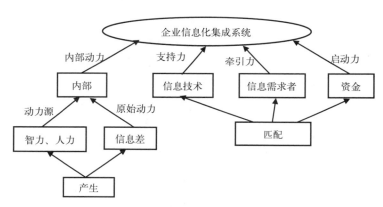

图 6-1　信息化关键驱动因子模型

6.2.2　工程造价信息化建设的驱动因素总结

驱动因素与障碍因素关系密切，某些情况下，当障碍得到良好的解决或清除后，便会自动转换成驱动因素，例如：企业的资金实力不足是企业信息化建设的障碍因素，但只要通过措施改变现状，使企业经济实力增强，资金充沛，就会将原来的障碍因素转换成驱动因素。

根据学术界对信息化建设驱动因素的研究，结合我国工程造价信息化建设现状及障碍因素，本课题立足企业层面探讨工程造价信息化建设的驱动因素。具体将之分为两大板块：一是企业内部驱动因素；二是企业外部驱动因素。

1. 企业内部驱动因素

企业内部驱动源于企业希望在市场中立足，并且能长期的处于不败之地，通过提升企业在市场中的地位和份额，将企业做大做强，实现企业利润最大化，企业与投资者之间的共赢。企业内部驱动因素是指企业内部资源、需求等可以促进信息化建设的动力，是企业信息化最基础的动力源，是保证企业能够顺利实现信息化转型的关键。根据现有文献研究的一般企业信息化建设驱动因素，结合工程造价咨询行业的特点，将工程造价信息化建设企业内部驱动因素概括为以下几点：

（1）企业领导的支持及全体员工的配合；

（2）企业经济实力增强，资金充沛；

（3）企业的管理水平得到提高；

（4）企业信息技术能力增强；

（5）企业对信息的需求量增加；

（6）企业业务发展的需要；

（7）企业内部流程整合管理的需求；

（8）企业合作伙伴的要求；

（9）企业自身战略的需求；

（10）企业经营管理的风险。

2. 企业外部驱动因素

企业外部驱动因素是外部的宏观环境、政治环境及市场环境给信息化建设带来的契机，是企业信息化最关键的推动力，是工程造价信息化顺利实施的根本保证，企业外部驱动因素主要包括政府驱动因素和市场驱动因素。

政府驱动源于政府最初的角色，早期的政府扮演着投资主体、建设主体和管理主体，我国信息化正在经历"由政府推进到政策引导"的过程，因此，政府出台的相关政策都是推进信息化建设的驱动力，包括强制性的法律条款、支持性的补助政策等。

市场驱动的力量来自于企业对利润的追求、对改进管理的追求及对新技术的追求，只要信息化建设能为企业带来高额的利润，提高企业的管理水平，企业必定会全力以赴进行信息化建设。当企业面临激烈的市场竞争时，企业会想办法提升企业的竞争能力。信息技术可以提升产品性能、提高企业管理效率、强化客户关系，全方面为提升企业竞争力服务，因此信息化必然会作为企业提升竞争力的重要手段。当企业面临高风险高回报的决策时，企业一方面为了追逐利益，另一方面会选择降低风险成本，信息化也将是企业选择规避风险的措施。当外部信息技术得到突破性发展时，必然会为企业创造出全新的产品和管理模式，企业会利用信息技术全面改进企业的管理。因此，市场中的竞争因素、风险因素、技术因素都会成为一种无形的驱动。

本文将企业外部驱动因素具体概括为以下几点：

（1）政府部门及领导的高度重视与鼓励；

（2）政府法律法规的强制要求；

（3）政府颁布信息化相关支持政策；

（4）政府的资金保障及税收优惠；

（5）市场竞争的加剧；

（6）大数据时代的冲击；

（7）信息资源带来的利润；

（8）市场对造价信息需求的扩大；

（9）竞争对手信息化之后带来的收益；

（10）市场中的信息技术突破性的发展。

6.3　工程造价信息化建设制度体系研究

工程造价信息化建设保障制度是指由政府制定各种规范、规章、制度或标准，清除工程造价信息化建设进程中遇到的障碍，用以规范、促进、保障和完善工程造价信息化建设。

国内学者针对信息化保障制度进行研究，其中，张璐（2009）指出信息化发展到一定的阶段，制度保障会超越技术保障的地位。信息化管理制度的不完善，会造成信息化发展不均衡和失败率高，是信息化不能深入开展的重要原因之一。

郭理桥(2009)指出，建设行业信息化是一项投资大、涉足领域广、参与方多的系统性工程，制度标准体系的建设将对保障建设行业信息化工作规范、有效地进行起到很大的作用。

范连颖（2003）分别从政府方面、企业方面和金融方面总结信息化发展的政策措施：

（1）健全法律法规，实现信息化战略，完善信息基础设施，建立信息通信网络，加强信息知识教育，培养专业人才、促进电子商务发展等。

（2）明确政府、民间机构在信息化建设中的作用。政府应该为民间机构发挥信息化主导作用提供必要的环境条件，比如修改阻碍信息化的相关法律法规，不断改进和完善政策措施；政府应推进民间机构无法涉及领域的信息化建设，如政府信息化、消除社会各阶层间存在的数字鸿沟、研究开发民间机构无法独立进行的科研项目等。

（3）推动行政信息化，提高政府办事效率。

（4）加强信息化知识的普及教育，多渠道培养高级专业人才。

（5）增加公共投资，建设信息化基础设施。

（6）促进企业信息化，实施优惠政策。

刘莎莎（2004）对比分析了中美信息化，认为我国信息化建设值得政府高度重视，应采取各种措施来保障信息化的实施，比如：

（1）统一建设指南、健全管理体制。

（2）完善相应的法律法规。

（3）与政府的业务工作分离。

（4）积极调动民间力量参与信息科普。

（5）健全市场经济模式。

通过上述文献总结，可以看出：制度保障体系是信息化建设最根本的保障体系，根据 6.1 节和 6.2 节中工程造价信息化建设的关键障碍因素和主要驱动因素，说明政府在工程造价信息化建设中起到至关重要的作用。

6.3.1　工程造价信息化建设保障制度的基本出发点与基本原则

任何行业的信息化建设都离不开制度、规范、标准的支持，发挥制度的管理作用和标准的规范作用，以确保管理和技术上的协调一致，确保信息化建设的整体效果。

因此，就工程造价咨询行业而言，信息化建设保障制度的基本出发点无疑是大力推进工程造价咨询行业的信息化建设，促进工程造价咨询行业的改革和发展，为工程造价咨询企业提供良好的市场环境及政策环境；其次，通过保障制度引导正确的信息化建设方向，避免工程造价信息化建设走弯路；最后，通过保障制度规范市场主体行为，保证市场机制良好运行。

通过政府制定明确主体责任与权力的保障制度，保证工程造价信息化建设主体各司其职，避免出现管理重复和管理漏洞现象，规范各主体建设行为；同时，通过资金支持政策和税收优惠政策，促进市场的活跃性，再引入第三方机构进行工程造价信息资源的提供，加大工程造价信息的市场竞争。

工程造价信息化建设保障制度最基本的原则是最大限度地消除信息化障碍及最大程度提升驱动力。由于我国工程造价信息化建设处于探索和发展阶段，保障制度不完善，原有的不适应信息化建设的制度需要修订，新制定的保障制度需要遵循包括但不限于以下原则：

（1）统一性原则：在制定新的制度和标准时，需要注重与现有的国家标准、行业指标体系和标准规范的统一。

（2）系统性原则：制度和标准体系的设计，需要自顶向下、分步健全，尽可能考虑到各个方面、层级，在梳理统一的框架下进行体系分解。

（3）适用性原则：制度和标准体系需要紧贴工程造价信息化建设现状和需求，注重可执行、可操作、可考核，对信息化建设具有较强的指导意义和保障作用。

（4）集成性原则：在制定工程造价信息化建设保障制度和标准体系时，需要联系国家信息化制度体系和标准体系，并注重与国际接轨，同时，不能忽略工程造价咨询行业的特色。

（5）持续性原则：对制定的新制度和标准体系进行检验和考核，通过考核结果不断进行改进，根据市场调节的结果，修改不适应市场要求的制度和标准。

6.3.2　工程造价信息化建设保障体系类型

根据我国工程造价信息化建设现状及存在的问题，结合工程造价信息化建设的障碍因素，可以看出我国工程造价信息化建设在制度、标准、规范方面比较欠缺，需要建立一套完整的指导全国工程造价信息化建设的制度、标准和规范。

根据 6.1 节和 6.2 节陈述的关键障碍因素及主要驱动因素，制定相应的保障制度，以保证工程造价信息化建设效果。

本课题将工程造价信息化建设保障体系概括为以下四类：

（1）工程造价信息化资金保障体系；

（2）工程造价信息化管理制度体系；

（3）工程造价信息化法律法规体系；

（4）工程造价信息标准体系（详见第 7 章）。

第一类保障制度：资金保障体系。包括财政支持、税收优惠、金融扶持等，主要解决工程造价信息化建设资金投入不足、工程造价信息化建设及运营成本高、建设周期长、效果短期难以及时体现等障碍问题。同时，还应为工程造价信息可利用的先进技术和需要的复合型人才提供资金保障。某种层面上还可以说，政府的资金支持政策是工程造价信息化建设最有效的保障制度。

第二类保障制度：工程造价信息化管理制度体系。这是围绕造价信息资源提供者、管理者和使用者，制定相关管理制度和行为规范，主要包括工程造价信息化系统（平台）管理制度、工程造价信息安全管理制度、工程造价信息监理管理制度、工程造价信息资源管理制度等。该类制度主要可以清除工程造价咨询体系不完善、信息资源共享的信用制度不完善、信息化政策环境不足、工程造价企业信息服务体系不完善等关键障碍，是工程造价信息化建设最复杂的保障制度。

第三类保障制度：工程造价信息化法律法规。加强市场决定工程造价的法规制度建设，加快推进工程造价管理立法，依法规范市场主体计价行为，落实各方权利义务和法律责任。其主要作用是规范工程造价信息各方主体的行为，解决工程造价信息化建设缺乏完善的法律法规的障碍，完善工程造价信息化建设的法律环境，是工程造价信息化建设最基础的保障制度。

第四类保障制度：工程造价信息标准体系。编制工程造价数据交换标准，打破信息孤岛，奠定造价信息数据共享基础。建立国家工程造价数据库，开展工程造价数据积累，提升公共服务能力。标准体系主要是为清除缺乏工程造价信息收集、处理、加工标准体系和工程造价信息行业、地域割裂，重复性建设等障碍因素，工程造价信息化建设的标准体系是最关键的保障制度。

6.3.3 工程造价信息化建设典型保障制度的核心内容

制度的内容一般包括制定本制度的目标/目的、适用范围、涉及的部门及人员的任务和职责、约束的具体内容及违反制度的奖惩措施等方面，本报告所研究的工程造价信息化建设典型保障制度的核心内容，主要是针对制度约束的具体内容。针对上述四类保障制度，根据其典型程度，分别不同程度地研究其核心内容。

针对第一类保障制度：资金保障体系。旨在解决工程造价信息化建设中资金不足带来的问题，主要从财政支持、税收优惠、金融扶持三方面着手，进而形成长期稳健的资金驱动。

首先，在财政支持层面，政府设立工程造价信息化专项资金，实行专款专用，制定经费投入、经费管理制度。设定工程造价咨询企业可以获得信息化建设财政支持的条件和门槛，对于不同规模的工程造价企业，设定信息化专项资金的金额与比例。

其次，税收优惠层面，根据工程造价咨询企业信息化建设情况与实施情况，尤其是运营效益情况，给予不同程度的税收优惠，针对为获得财政支持或自主信息化建设的企业，其税收优惠比例更大；对获得财政支撑进行信息化建设的企业，根据其后续运营、管理、更新情况，结合信息化为企业创造的价值，确定税收优惠的比例。

最后，金融扶持层面，主要是针对信息化建设水平领先行业水平的企业，对于后续信息化建设的创新给予金融支持，通过银行信贷干预、差别化贷款利率管理等措施，给先行企业信贷资金并相应提供金融租金补贴的一系列制度安排等。

针对第二类保障制度：工程造价信息化管理制度体系。它旨在解决工程造价信息化建设中信息安全及产权问题，信息服务体系不完善问题，因此，其包含的管理制度较多，针对不同的管理制度梳理不同的核心内容。

其一，工程造价信息化系统（平台）管理制度。工程造价信息化平台包含不同的类型，主要有工程造价咨询行业管理信息化平台、咨询行业服务信息化平台，咨询企业管理信息化平台、项目管理信息化系统，不同类型的信息化平台有不同的建设运营模式，结合信息化平台建设运营流程的五个环节，明确各环节的责任主体、主体职责及权限，并以此制定详细的管理流程及制度。

其二，工程造价信息安全管理制度。造价咨询企业与软件公司面临着诸多风险：信息系统安全风险、云安全风险、数据保密风险与合同及履约。除此之外，软件公司还面临着战略与客户风险，多数造价咨询企业的风险管控机制尚未落实。造价信息的安全性直接与信息收集的多样性和有效性相关联，通过规定工程造价信息的提供者、管理者和使用者严格按照流程进行数据的上传、管理及索取，保证工程造价信息的完整性、有效性和保密性，用以消除信息提供者对信息安全的担忧及顾虑问题，针对工程造价信息的使用者采用信用考核制度和信用等级制度，定期及不定期考核信息使用者，对信用较差的使用者进行降级或剔除等机制，严格监督和管理信息使用者使用信息过程的保密意识和操作流程。针对第三方购买外包服务——信息化软件供应商、信息化咨询服务商等，更应加强信息安全性、保密性的管理，参照公共资源交易中介服务机构入库的做法，提倡引入工程造价信息化服务中介机构入库管理办法，一方面能有效监管服务机构的产品、服务质量，另一方面能监管服务机构生产流程，并能有效打破垄断。

其三，工程造价信息监督管理制度。监督管理制度主要是为信息安全管理制度服务，提供一种保障信息化安全的管理制度，亦可通过成立第三方专业监督管理机构，长期对信息化平台（系统）及具体的工程造价信息资源进行监管，对信息化平台的建设者和运营者，对工程造价信息的提供者、使用者、管理者进行监督管理，并针对不同的监管对象制定详细的监管流程及细则，主要包含监管机构监控流程、监管范围、权利与义务等。

其四，工程造价信息资源管理制度。信息资源管理制度与信息化平台制度对接，一个是针对信息归集结果的管理，一个是针对信息归集过程管理，信息资源管理制度主要针对工程造价信息资源的收集、处理、共享、查阅及下载进行全过程管理，明确各阶段不同责任主体的职责、义务及其工作流程。

其五，工程造价咨询诚信体系建设。旨在解决工程造价信息的安全问题，也是工程造价监督管理制度的具体举措。通过整合资质资格管理系统与信用信息系统，搭建统一的诚信信息平台。依托统一的信息平台，建立信用档案，及时公开信用信息，形成有效的社会监督机制。加强信息资源整合，逐步建立与工商、税务、社保等部门的信用信息共享机制。

针对第三类保障制度：工程造价信息化法律法规体系。法律法规体系可以完善工程造价信息化法律环境，是推进工程造价信息化建设的基础性工作。根据前面所述的各类保障制度设置工程造价信息化法律法规体系，主要包含：工程造价信息资源提供者、使用者和管理者的管理规范；工程造价信息安全管理规范；工程造价信息信用管理规范；工程造价信息平台管理规范；工程造价信息化建设主体的法律责任与受法律保护的权利；工程造价信息化建设专项资金的申请、使用及管理规范。法律法规的完善让工程造价信息化建设各方市场主体的行为更为规范，并提升了工程造价信息化建设的法律效力。

针对第四类保障制度：工程造价信息标准体系。这是资金保障制度、信息化管理制度体系顺利落实的保证，主要针对工程造价信息收集、处理、加工、交流、共享、流转等一系列流程的标准体系，具体内容详见第 7 章。

6.4　本章小结

本章通过文献综述和问卷调查总结工程造价信息化建设障碍因素及驱动力因素，以此制定消除障碍及提升驱动力的保障制度体系。保障制度体系作为工程造价信息化建设的战略支撑体系之一，是工程造价信息化建设战略能否顺利实施的关键，也是实现工程造价信息化目标体系的基础。由于保障制度体系与其他战略支撑体系关联性较强，尤其与技术标准体系、信息化平台密切相关，因此其范围界定比较模糊，故针对标准体系及信息化平台管理制度直接转由第 7 章、第 8 章进行详细阐述。

第7章 工程造价信息化技术标准建设规划

7.1 工程造价信息及分类

7.1.1 工程造价信息含义

信息学奠基人香农（Shannon）认为，信息是用来消除随机不确定性的。控制论创始人维纳（Norbert Wiener）认为，信息是人们在适应外部世界，并使这种适应反作用于外部世界的过程中，同外部世界进行互相交换的内容和名称。美国信息管理专家霍顿（F.W.Horton）将信息定义是"为了满足用户决策的需要而经过加工处理的数据"。简言之，信息是经过加工处理的、对人有用、能够影响人们行为的数据，或者说信息是提供决策的有效数据、是数据处理的结果。这里的数据并不仅仅是数字，还可以是文字、图形、图像、标记、声音。

工程造价信息是一切有关工程造价的特征、状态及其变动的消息的综合。在工程承发包市场和工程建设过程中，工程造价总是在不停地变化着，并呈现出不同特征（区域性、多样性、专业性、系统性、动态性、季节性）。人们对工程承发包市场和工程建设过程中工程造价运动的变化，是通过工程造价信息来认识和掌握的。

在当下工程建设中，工程造价信息已经是一种社会公众的资源。工程造价信息服务于政府、行业协会、企业、其他机构等工程建设市场的践行者，也来源于他们。通过这些信息可以掌握建设市场动态，预测和控制工程造价发展趋势，了解建设工程招标投标动态、承发包价格波动、材料价格市场行情。

7.1.2　工程造价信息种类

从广义上说，所有对工程造价的确定和控制起作用的信息都可以称为是工程造价信息。这些信息既包括大量的反映项目建造成本、资源价格的经济信息，也包括大量的反映项目建筑特征、结构特征、功能特征、交易信息等在内的非经济信息；这些信息既包括正式的文件式工程造价信息，如清单计价规范、各种定额以及市场价格指导文件等，也包括大量的非文件式造价信息，如各种指数、指标等；这些信息既包括反映国家、行业整体建造水平、资源价格的宏观工程造价信息，也包括反映具体项目的微观工程造价信息；这些信息既包括记录或反映已完建设工程的造价信息，也包括预测未来工程和资源的价格信息。

按照信息的特征，工程造价信息主要可以分为以下六类：

（1）市场信息：主要包括人、材、机械、设备等要素价格信息，生产商、供应商信息等。

（2）计价依据：主要包括预算定额、概算定额、概算指标、投资估算指标、劳动定额、施工定额、费用定额、工期定额、企业定额等各类定额；消耗量指标、造价（费用）及其占比指标、技术经济指标等各类型造价指标。

（3）造价指数：单项价格指数，主要包括人工费价格指数、主要材料价格指数、施工机械台班价格指数等；综合价格指数，主要包括建筑安装工程造价指数、建设项目或单项工程造价指数、建筑安装工程直接费造价指数、其他直接费及间接费造价指数、工程建设其他费用造价指数等。

（4）工程（案例）信息：主要包括典型案例库，已建和在建工程造价信息，如单方造价、总造价、分部分项工程单方造价、各类消耗量信息等；包括已建和在建工程功能信息、建筑特征、结构特征、交易信息等；包括建设单位、交易中心发布的各种招标工程信息。

（5）法规标准信息：主要包括相关建设管理法规、计价管理法规、清单计价规范、清单计量规范、造价（咨询）技术标准等。

（6）技术发展信息：主要包括各类新技术、新产品、新工艺、新材料的开发利用信息。

7.2　工程造价信息化技术标准体系

在工程造价信息化建设过程中，阻碍信息化建设最重要的因素之一是工程造价信息化技术标准体系的缺乏。在尚未建立统一的工程造价信息化技术标准体系的情况下，参与工程造价信息化建设的各个行业、部门很难协作，大规模的系统开发、应用无法实施。但是，需要建立哪些标准，这些标准存在哪些争议以及拟解决哪些问题等都需要明确。

7.2.1　技术标准体系分类

由于工程造价信息涉及面广，使用单位众多，涉及不同的利益主体，因此造价信息化的建设是一项涉及面非常广泛的系统工程，将涉及大量的技术标准和规范，因此必须对这些标准和规范按照内在联系进行有序的整理，建立统一分类、权威、规范的工程造价信息化技术标准体系，这是工程造价信息化建设最急迫、也是最重要的一项工作。

众所周知，"2013清单规范"中按工程类别的不同将建设工程项目分为房屋建筑与装饰工程、仿古建筑工程、通用安装工程、市政工程、园林绿化工程、矿山工程、构筑物工程、城市轨道交通工程、爆破工程9大类工程。每个不同类别的工程蕴藏着大量的造价信息，它们是"共性"与"个性"的统一，但就其本质而言，都是信息收集、处理、交流的循环过程。标准的建立也应遵循信息的循环过程进行有序建设。

通过对业内人士进行"工程造价信息化建设战略"的问卷调查，多数人认为，相比较于其他标准（生产技术标准、产品标准等），造价信息数据标准、造价信息交流和共享标准、信息收集加工发布标准亟须建设，如图7-1所示。

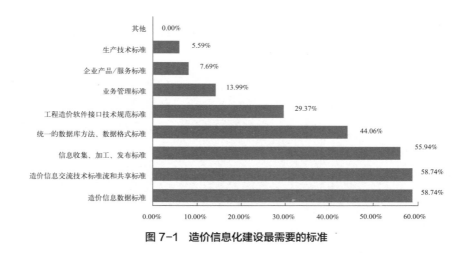

图7-1　造价信息化建设最需要的标准

7.2.2　造价信息数据标准

数据是信息的载体，是描述客观事物的数字、字符以及所有能输入到计算机中，被计算机程序识别和处理的符号的集合。数据标准是指将未经加工的原始信息，如数字、文字、符号、图像等进行统一规定，包含统一分层级编码、统一计算规则以及统一为其服务的规则、导则或特性定义的技术规范等。由数据和数据标准的定义可知，数据也是造价信息的载体，统一数据标准就是将原始造价信息进行统一规定，以便于通过信息技术使造价信息快速、准确地在不同用户之间交流和共享。因此，有必要制定统一的造价信息数据标准。

造价信息数据标准是造价信息的基础技术标准，涉及每一类、每一个造价信息，是造价信息科学收集、整理、分析、分享、上报、发布的基础。近年来，我国已经发布了一些工程造价信息数据标准，如住房和城乡建设部标准定额研究所 2008 年发布的《城市住宅建筑工程造价信息数据标准》、2011 年发布的《建设工程造价数据编码规则》、2013 年开始实施的推荐性国家标准《建设工程人工材料设备机械数据标准》（GB/T 50851-2013）等，说明国家已经开始重视造价信息数据标准的建立，但这些数据标准只是整个造价信息数据标准的一小部分，而且比较粗放简单，针对的多是数据的分类、编码、收集表格的标准化等，且标准的级别较低或是推荐性标准，其实施效果还有待检验。

例如《城市住宅建筑工程造价信息数据标准》，针对地方造价管理部门收集城市住宅建筑项目造价信息并向上级部门上报规定了系列汇总表的标准格式和城市住宅建筑项目的工程概况表、项目造价分析表、项目主要工程量表、项目人工及主要材料（半成品）消耗量表。

《建设工程造价数据编码规则》针对建设工程造价数据以单项工程为单位的分阶段数据积累制定了统一编码规则。它是针对单项工程整体数据汇总文件的编码体系，不是针对个体造价信息的编码标准。

《建设工程人工材料设备机械数据标准》（GB/T 50851-2013）主要

适用于各省级建设工程造价管理机构收集、整理、分析、上报、发布建设工程工料机价格信息，适用于建设工程造价领域涉及的与建筑工程工料机有关的数据交换行为。该标准是近年来发布级别最高的数据标准，也规定相对较为详细。但是，一则它是推荐性国家标准，实施中约束力不足；二则它给出的材料目录不全面，建筑材料种类繁多，许多常用材料并没有被收录；三则它存在定义、分类模糊的情况，例如本是一类的被分成两类，本应分开的被合并。

另外，如前述，个别省份出台了《建设工程计价成果文件数据标准》，如浙江、云南，但这些标准主要是为了规范建设工程计价成果文件的数据输出格式，而统一对计价成果文件中的数据表格式、数据表内信息名称、字段和数据类型、数据计算顺序与精度进行规定，以统一数据交换规则，实现数据共享。

当前，在工程造价管理实践中，仍有很多造价信息（数据）在信息概念、计算方法上缺乏明确规定，存在从业人员理解不一致、有争议或有分歧的现象，大多数造价指标（价格指标、消耗量指标）、造价指数、项目特征类指标等造价信息缺乏数据格式和数据编码的统一规定，导致大量的对行业有价值的造价信息的数据存储、交流和分享存在较大障碍。

为此，在当前现有造价信息数据标准的基础上，尽快建立完整的、科学的工程造价信息数据标准，尤其是完善针对造价指标、造价指数、项目特征类指标的数据标准是推动我国工程造价信息化发展的当务之急和基础条件。这些数据标准既应当包括明确建设工程造价术语的概念、内容涵盖范围、计算口径与方法的《建设工程造价术语标准》《建设工程造价指数计算标准》《建设工程造价指标计算标准》《建设工程技术经济指标计算标准》等，也应该包括统一建设项目特征（功能特征、建筑特征、结构特征等）描述的《建设工程项目特征描述规范》，还应该包括统一数据单位、形式、数据报表格式、编码体系等的《建设工程造价数据格式规范》《建设工程造价数据编码规则》。政府行业主管部门及行业协会还可通过出版专业书籍、标准应用指南的方式对建设工程易混淆术语进行辨析。

　　完整的工程造价信息数据标准，除了应当针对所有的造价信息外，就每一个或每一种造价信息至少应当包括其概念标准、计算方法标准、数据格式标准和数据编码标准。表 7-1 以举例的方式列举了一些当前缺乏的造价信息概念标准、计算方法标准、数据格式标准和数据编码标准，以说明明确每一个造价信息的概念标准、计算方法标准、数据格式标准和数据编码标准的重要性。当然建立完整的、科学的工程造价信息数据标准是一个庞大的工作，需要系统梳理、专题研究、分阶段分类逐项完成。

工程造价信息所需数据标准列举 　　　　　　　　　　　　　　表7-1

序号	数据标准类型	所需标准列举	标准拟解决的问题	常见的争议 / 分歧举例
1	概念标准	人工单价	统一人工单价的种类及不同人工单价所含内容	（1）定额人工单价：定额人工单价是如何利用社会平均水平来进行测定的；明确定额人工单价的构成（虽然〔2013〕44 号文给出了明确构成，但是有些省市依旧按照〔2003〕206 号文的规定或者考虑地方特点对构成进行调整）； （2）市场人工单价：市场人工单价应是根据市场供应情况决定价格，但实际中常利用定额工日单价加规定调差，或者直接利用造价管理部门发布的人工信息价（政府发布的价格是有限的，不能体现由工种、级别等差异带来的不同），没有体现出市场人工单价的波动性； （3）计日工人工单价：计日工人工单价有些省市是按实际交易进行确定，有些省市是由市场价决定的，甚至有些省市对其进行明确的计算规定
		综合工日	明确综合工日消耗量统计时包含的测算范围以及测算方法	（1）综合工日消耗量包含内容有差异，如重庆在测定综合工日消耗量时涵盖基本用工、超运距用工、辅助用工、人工幅度差等，而四川省涵盖的内容是基本用工、辅助用工、其他用工和机械操作用工等； （2）测定方法不明确

续表

序号	数据标准类型	所需标准列举	标准拟解决的问题	常见的争议／分歧举例
1	概念标准	建安工程人工费占比／机械费占比	统一人工费、机械费、建安工程费所包含的内容	(1) 人工费是否包括技术措施费中的人工费； (2) 人工费是否包括计时工表中的人工费； (3)〔2013〕44 号文中规定，机械费中的安拆费未包含大型机械进出场安拆费，那么计算建安工程机械费占比时，所谓的机械费是单纯的分部分项工程量清单计价表中的机械费之和还是在此基础上也考虑了措施费中的大型机械进出场安拆费
		材料单价	明确材料单价包含内容及相关费用记取费率	(1) 发布材料单价信息时其中的材料单价是材料原价，还是应加上一些其他费用，如运杂费、保管费等； (2) 计算保管费时，根据不同材料统一采购保管费率
		项目特征类指标的概念标准	明确各类指标的真实含义以及实际科学的计算方法	(1) 计算窗地比时，窗面积是窗框面积还是窗洞口面积；地面积是净空面积还是占地面积； (2) 计算窗墙比时，窗面积是窗框面积还是窗洞口面积，墙面积是否包括女儿墙和勒脚面积； (3) 计算檐口高度时，是从室外地坪还是从 ±0.000 开始算起；区别于建筑高度
		……	……	……
2	计算方法标准	单项价格指数确定方法	明确要素价格的来源及人工（材料、机械）的价格包含的内容，选取数据各自的权重	(1) 单项价格指数中每个省市的分类不一样，如重庆将人工价格指数分为土石方、土建、机械、装饰人工指数，而天津并未进一步区分； (2) 每个省市选择的基准期是不一样的； (3) 虽然计算单项价格指数所用方法可能一样，但是所选取的数据本身存在极大的差异，而这属于数据标准的问题
		综合造价指数计算方法	统一综合造价指数的计算方法	(1) 计算指数时选择的方法需要明确，拉式指数、派式指数或费雪理想指数； (2) 计算方法有一定差异，如深圳是用报告期总造价与基期总造价比，重庆是报告期单方造价与基期单方造价比； (3) 所发布的造价指数，不明确是预算造价指数、投标造价指数、中标价格指数或是结算价格指数； (4) 没有明确权重的取值
		工程量计算方法／规则	统一工程量计算方法	(1) 在计算钢筋长度时，虽对锚固、搭接、保护层等有统一规定，但是不同省市根据自己的区域特点，都有细微不同，如四川省不计算钢筋的搭接(定额已经包括)，重庆市则要计算搭接长度； (2) 在计算混凝土时，清单规范规定不扣除钢筋体积，而在实际工作中，计算钢筋含量高的部位（如转换层）可能会扣除钢筋体积

续表

序号	数据标准类型	所需标准列举	标准拟解决的问题	常见的争议／分歧举例
2	计算方法标准	典型分部分项工程消耗量指标确定方法	确定数据包含的范围	(1) 统计人工工日时是否包括计日工； (2) 定额工日和计日工简单累积存在口径不对等的问题； (3) 统计每平方米钢筋／商品混凝土消耗量时，钢筋是否包括地下楼层或基础，是以实际消耗为总消耗量还是以设计图示工程量为总消耗量
		典型分部分项工程单方造价指标确定方法	确定各类指标数据收集的界限	(1) 计算混凝土的单方造价时，是否含与混凝土有关的各种措施费； (2) 计算钢筋的单方造价时，是以工程实际使用钢筋为准还是以设计图纸为准
		费率计取基数	统一不同地区的取费基数	垂直运输费的取费基数，在一些地区是建筑面积，而有些地区以定额直接费为基数乘以相应建筑物檐高系数来计算
		取费费率	统一费率的确定方式	一些地方主管部门有明确规定，一些则由市场决定
		数据层级分类	统一全国的层级划分标准	(1)〔2013〕44 号文中将材料检验试验费单列为企业管理费，而部分省市将其包含在材料费中，有的甚至将其单列为措施项目，全国对材料检验试验费处理不一； (2) 对措施费分类叫法不一，且内容包含稍有差别，如四川省将措施费分为通用措施费和专用措施费，而重庆市分为组织措施费和技术措施费
		……	……	……
3	数据格式标准	单位	统一各类数据单位	计算踢脚线时，有的省市按米来计量，有的省市按平方米计量
		形式	统一数据表现形式	(1) 文字表述一致，如综合工日单价和定额工日单价虽然叫法不一，但是表达的意思可能一样； (2) 对概念明确的图表图形，对其纵横坐标、图表、图例进行统一
		数据报表格式	统一数据报表格式	(1) 工程量清单表中，清单表、计价表、单价分析表等报表格式应当统一； (2) 技术措施费、组织措施费和通用措施费、专用措施费的叫法不统一
		……		……

续表

序号	数据标准类型	所需标准列举	标准拟解决的问题	常见的争议／分歧举例
4	数据编码标准	工程编码体系	确保工程编码体系的一致性	—
		清单编码体系	确保清单编码体系的一致性	—
		定额编码体系	确保定额编码体系的一致性	—
		工料机编码体系	确保工料机编码体系的一致性	—
		各类指数指标信息的编码	统一各类指数指标编码	—
		……	……	……

……

7.2.3 造价信息收集和处理的标准

工程造价信息是一种具有共享性的社会资源，为避免因收集人员、收集方法、处理方法等不同造成偏差而导致造价信息无法有效共享，有必要制定造价信息收集和处理的标准，如《建设工程造价数据收集规范》《建设工程造价数据处理规范》。所谓收集标准是指对信息的采集对象、选取原则、基本方法等应规范化，及时准确地获得可靠完整的信息，并将所收集到的信息按规定的形式表现出来。获得及时准确完整可靠的信息需要合理的收集方法，而通过数据将需要表达的信息完整地传递出来就需要正确的处理方法。

收集标准至少应当从收集取样方法、收集时间、收集渠道等角度对各类造价信息进行收集标准确定；而处理标准则至少应当从处理取样方法、数据加工方式、计算规则等角度进行处理标准的研究确定，见表7-2。

工程造价信息所需收集与处理标准列举　　　　　　　　表7-2

序号	收集处理标准类型	所需标准	标准拟解决的问题	存在的争议/分歧
1	收集方法	收集取样方法	统一取样方法	不同信息收集数据时取样方法没有明确，如应当采用随机抽样、分层抽样、整群抽样、系统抽样的信息不明确
		收集时间	确保数据的同一性和可比性	收集数据时采用相同时间段的价格，要素价格信息是多天平均值、开盘价还是收盘价，采用价格的不同，会造成最终数据的差异
		收集渠道	确保数据来源渠道的一致性	不同信息的数据是来自于招投标管理机构、政府有关管理机构，还是造价咨询企业、承发包企业，亦或是建材供应商，未给出明确规定
		……	……	……
2	处理方法	处理取样方法	确保取样方法的一致性	哪些信息数据的处理需要再取样？取样的方法有无明确规定
		数据加工方式	统一数据加工方式	需要进行统计加工的数据，采用的统计指标应给出明确规定，如是采用加权平均、切尾均值，还是众数、中位数等
		计算规则	统一数据计算规则	在计算指数类指标时，不同地区或不同造价管理机构采用的计算规则不统一或不明确
		……	……	……

…………

7.2.4　造价信息交流和共享技术标准

数据标准化为数据的交流和共享创造了前提，在工程造价信息数据标准完善的基础上，进一步制定造价信息交流和共享标准，让在不同的方使用不同计算机、不同软件的用户能够有效读取他人数据并进行各种操作运算和分析。所谓造价信息交流和共享技术标准是指造价信息在相互传递的过程中，通过对不同造价信息载体构建一定的标准（如数据库格式等），使得造价信息能够通过这些符合标准、互相兼容的载体进行交流和共享。

目前，为规范建设工程计价成果文件的数据输出格式，统一数据交换规则，以方便不同计价软件之间正确的数据交换，少数省份已经发布了地方性的工程造价信息交流和共享标准，如云南省 2011 年发布的《云南省建设工程造价成果文件数据标准》、广西壮族自治区 2013 年发布的《广西壮族自治区建设工程造价软件数据交换标准》、浙江省 2014 年发布的《浙江省建设工程计价成果文件数据标准》、四川省 2015 年 12 月发布的《四川省建设工程造价电子数据标准》等，这些标准普遍对典型造价计价成果的数据表格式、造价信息名称、字段类型、数据类型、计算精度等作出了不同程度的规定和要求，以统一数据交换规则，实现数据共享。根据报告第 2 章对工程造价信息化标准建设现状的梳理，我们可以得知造价信息交流、共享标准是我国当前在造价信息化技术标准建设上探索最多的一类标准，这说明，信息的交流和共享是行业发展、行业生产的迫切需要，缺乏这些标准确实导致数据交流和共享存在障碍，我国很多地方的造价管理机构已经普遍认识到这些问题，也在积极通过制定信息交流和共享标准解决这些问题。

但这些标准一则由于是地方标准，二则各标准之间存在明显的深度差别、规定差别，导致只能一定程度上解决地区内的造价信息交流、共享问题，无法达到全国各地造价信息交流和共享的目的，也越来越不能适应工程造价咨询服务跨地域发展的趋势和要求。

造价信息交流和共享技术标准包括存储标准、传输和交换标准、网络标准三个方面，如图 7-2 所示。数据存储标准的统一，是信息进行无障碍交流共享的基础；网络标准的统一，是信息进行无障碍交流共享的前提；数据传输、交换标准的统一，是信息进行无障碍交流共享的桥梁。以下将从这三方面进行分析。

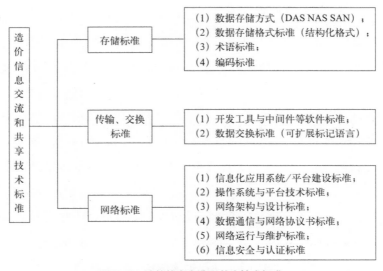

图 7-2　造价信息交流和共享技术标准

1. 数据存储标准

建筑工程是多领域多方共同参与的工程活动，涉及多个领域数据的处理及应用。领域之间具有专业独立性，同时也存在关联性。这种关联性表现在数据信息的互用，由于建筑工程所涉及专业较多，应用程序不尽相同，但只要对数据存储进行标准化，数据之间的畅通交流就有了技术基础。如：现今 BIM 技术中数据存储标准主要是对 BIM 信息的存储与交换方法、数据存储的需求及其定义方法、数据格式要求和存储实现技术等进行标准化定义，这些都为 BIM 数据的利用创造了基础。因此，统一数据存储标准是未来需求，也是实现造价信息畅通交流的必要条件。

2. 传输、交换标准

由于缺乏全国统一的造价信息传输、交换标准，使造价信息的交流存在诸多问题，而其中，软件之间的兼容性、交互性是存在的最突出的问题。市场上各类工程计量计价软件之间的竞争日趋激烈，不同地区、不同企业采用不同的造价软件，不同软件之间的兼容性以及数据畅通性不好都会导致造价信息的共享性差。例如，清华斯维尔和广联达的计量计价软件之间不能直接转换，只有清单项目可以借助 Excel 表格进行转换，若已经进行了定额套用，借助 Excel 表格转换定额子目分类不一定完全吻合。因此，应尽快建立全国统一的造价信息传输、交换标准，例如，通过标准要求各类相关软件均应尽可能采用简单的可扩展标记语言（XML），使得这些数据易于被任何应用程序读写，促使各造价软件做到互相支持、互相兼容，以实现数据格式的转换和数据的顺利导入。

同时，工程造价数据库应能够兼容现行的定额计价和工程量清单计价模式下各种标准数据格式，对现行造价信息网、招标投标网以及各种专业造价软件计算结果数据，以常用数据建立标准接口。

3. 造价管理信息网络标准

造价信息在网络中的传输和交换，主要依靠各省（市）工程造价信息网站／平台。目前，国内以中国建设工程造价信息网为中心点，连接各省（市）工程造价信息网站，以及部分企业咨询机构网站，已初步形成以 Internet 为网络载体的工程造价信息网络体系，但这些已有网站尚显得比较零散，还缺乏统一的规划和技术标准。同时，多数网站的网络架构、准入制度、维护与认证标准等还不能满足实际工作需要。这就需要各工程造价信息网络／平台按统一的造价管理信息网络标准开发、更新和维护，实现互联互通和信息共享。

7.2.5　工程造价信息化配套技术标准

工程造价数据是造价咨询、生产过程中产生的信息的载体，因此造价数据的准确性和完整性会受造价信息生产过程的影响，进而影响到数据的标准化。为了确保造价信息的质量，使造价信息能够完整、准确地通过数据表达出来，需要制定一些生产 / 流程标准、产品 / 服务标准给予支持，从而为数据的标准化建设提供信息来源保障。

1. 生产 / 流程标准

生产 / 流程标准是在生产及其过程中对各项管理业务的范围、内容、程序和处理方法等进行规定，生产者依据标准组织生产。在工程造价信息化标准体系建设进程中，有了规范的生产 / 流程标准，各有关部门和人员就可以按照统一的程序和方法处理造价咨询业务，使造价咨询业务能够从头至尾按标准流程顺畅地进行，从而确保生产的造价信息的规范化，进而保障数据的标准化。为此，有必要制定相应的生产 / 流程标准对工程造价信息化标准建设进行支持。

目前，我国已经编制并发布了以下行业生产 / 流程标准，如：《建设项目投资估算编审规程》《建设工程设计概算编审规程》《建设工程施工图预算编审规程》《建设工程结算编审规程》《建设工程竣工决算编审规程》《建设工程招标控制价编审规程》《建设项目全过程造价咨询规程》《建筑工程建筑面积计算规范图解》《建设工程造价咨询工期标准（房屋建筑工程）》等。

2. 产品 / 服务标准

产品标准是对产品结构、规格、质量和检验方法所作的技术规定，服务标准是规定服务应满足的需求以确保其适用性的标准。在工程造价信息化标准体系建设进程中，有了产品 / 服务标准，能在一定时期和一定范围内对造价咨询产品和服务进行约束,尽量避免信息不对称的现象,从而确保生产的造价信息的质量,使得造价信息能够完整、准确地通过数据表达出来。为此,有必要制定相应的产品 / 服务标准对工程造价信息化标准体系建设进行支持。

目前,我国已经编制并发布了以下产品 / 服务标准,如:《建设工程造价咨询成果文件质量标准》《工程造价咨询档案管理规范》《企业造价咨询产品 / 服务标准》《建设工程造价鉴定规程》等。

7.3 工程造价信息化技术标准建设规划

工程造价信息化技术标准既是工程造价信息化建设的基础工作,是未来工程造价管理活动的基础,也是建设领域信息化标准的重要组成。它的建设是一个由多方主体参与的庞大而又复杂的系统工程,其建设的快慢会影响标准的质量。建设推进太快,必然会急于求成导致标准建设的粗制滥造;推进太慢,又会效率低下导致标准建设的无疾而终。同时,建设过程中哪些标准需要强制推行,哪些标准只需参考,哪些标准应当前期建设,哪些标准可后期建设,哪些标准需要全国统一,哪些标准允许地方自主选择和建设,这些问题均需要进行专项研究,予以明确。

信息化技术标准的建设也是一个项目,需要按照项目管理的思路对标准的建设进行计划和管理,需要经过规划、招标、研究、验收、部署等过程,在这一系列过程中规划是最先完成的工作,只有进行了标准建设规划,制定了建设目标、明确了建设主体和时序、梳理了标准建设内容和类型后方可系统高效地开展工程造价信息化技术标准的建设,逐步形成一套适合我国实际的、科学实用的工程造价信息化技术标准体系。

　　完整、详细的工程造价信息化技术标准建设规划应是一个大型的独立课题任务，本课题从工程造价信息化战略规划研究的角度，仅对技术标准的规划做框架式的梳理，明确未来工程造价信息化技术标准建设的目标、思路、时序、主体等内容，以期指导更深入的工程造价信息化技术标准的建设规划和建设工作。

7.3.1　建设目标与时序

　　总体而言，我国当前工程造价信息化技术标准建设基础薄弱、欠账较多，在造价管理上计划经济模式向适应市场经济的工程造价管理体系转变，导致行业从业人员对信息化发展认知不一，标准建设中必然存在不同的发展历史、不同认识和阻力。工程造价信息化技术标准的建设是一个庞大的系统工程，需要政府、行业协会、研究机构、相关企业等合作参与；需要统一规划，分专业、分轻重缓急、分期有序推进；需要兼顾眼前造价管理需求与未来造价改革发展方向；需要适度考虑造价信息管理现状和历史信息收集统计；需要应用导向、分类指导，典型引入、全面推进。

　　在全面推进工程造价信息化技术标准的建设之前，我们首先需要把握重点，统一思想，明确行业应当关注的工程造价指标，明确当前、未来应当纳入行业信息化管理体系的工程造价指标，构建一个统一的工程造价信息分类标准与造价信息清单。

　　就工程造价信息化技术标准的建设而言，总体而言，应当优先制定主要的或典型的工程类别的工程造价信息数据标准，尤其是数据标准中的概念标准、计算方法标准。唯有将数据标准建设好，才可以顺利进行收集、处理、共享等标准建设。我国当前造价信息化技术标准建设中存在因数据概念标准未明确规定，导致数据收集混乱、数据标准不统一，影响数据交流的现象。此外，如前所述，造价信息交流、共享标准是我国当前在造价信息化技术标准建设上探索最多的一类标准，但是这些标准的实施效果并不理想，其原因必然与我们尚没有完善的工程造价信息数据标准有关。

在造价信息数据标准已完善的基础上，才可以将造价信息收集和处理标准、交流与共享标准并举制定，并根据造价信息指标的重要性，在整体规划、统一方法和思路的基础上把握重点，分清轻重缓急，依次完成不同类别指标的上述标准。

综上所述，并结合当前我国工程造价信息化技术标准建设现状，我国工程造价信息化技术标准分期建设目标如下：

1. 前期目标

（1）构建一个统一的工程造价信息分类标准与清单，明确应当纳入行业信息化管理体系的工程造价指标。

（2）完成工程造价信息化技术标准的建设规划，建立统一分类、权威、规范的工程造价信息化技术标准体系。

（3）制定主要工程类别的工程造价信息概念标准、计算方法标准。

（4）确定主要工程类别的要素价格信息、计价依据信息的数据格式标准、数据编码标准、收集与处理标准、交流与共享标准。

（5）持续完善工程造价咨询产品生产和流程标准、产品和服务标准。

2. 中期目标

（1）确定主要工程类别的造价指标、造价指数、工程案例等信息的数据格式标准、数据编码标准、收集与处理标准、交流与共享标准。

（2）统一全国主要工程造价信息的传输、交换标准。

（3）建立工程造价信息化技术标准分类管理制度体系。

（4）持续完善工程造价咨询产品生产和流程标准、产品和服务标准。

3. 后期目标（总目标）

最终建成一个基于信息技术，涵盖全面工程造价信息的、科学统一的工程造价信息化技术标准体系。

综合考虑当前我国工程造价信息化技术标准建设现状和上述分期建设目标，课题组认为我国工程造价信息化技术标准建设的前期目标应该力争在未来 5 年内完成，中期目标应当力争在未来 8 ~ 10 年左右实现，这样我们最终可在 10 ~ 12 年左右建成一个基于信息技术，涵盖全面工程造价信息的、科学统一的工程造价信息化技术标准体系。

7.3.2　建设主体

我国工程造价信息化还处于起步阶段，技术标准的建设显得尤为重要。顺利推动技术标准建设的一个前提就是从众多造价信息化相关参与者中明确信息化技术标准建设的核心建设主体，明确相关主体的职责分工。

如前所述，政府、行业协会、企业、相关研究机构等是工程造价信息化建设的参与主体。其中，政府包括中央政府建设行政主管部门和地方政府建设行政管理部门；行业协会包括中国建设工程造价管理协会和地方建设工程造价管理协会；企业可包括建设单位、承包商、造价咨询企业、材料供应商等；其他机构主要包括研究机构、技术开发与服务机构。

工程造价信息化技术标准的建设主体应当根据各主体在信息化建设上的角色定位与职能分工确定。如前所述，政府是工程造价信息化建设的管理者和引导者，其核心职能就包括工程造价信息标准体系的建设、工程造价信息化发展规划的制定。行业协会作为行业自律管理者，其职责既包括工程造价信息化相关法律法规、技术标准、规范的贯彻与推广，也包括通过行业、协会技术标准的制定、发布和推广，规范工程造价信息化建设中的企业行为。其他专业机构则是工程造价信息化建设的参与者、支持者，它们主要提供理论研究与技术开发等与工程造价信息化建设相关的配套支持。

鉴于此，工程造价信息化技术标准建设应由政府主导，行业协会、技术开发机构、研究机构辅助建设，具体梳理见表7-3。

工程造价信息化技术标准的建设主体　　　　　　表7-3

序号	信息化建设主体		技术标准建设职责定位	技术标准建设主要职责
1	政府	中央政府建设行政管理机构	规划者、主导者、建设者、推动者	(1) 国家工程造价信息化技术标准建设规划的制定； (2) 主导技术标准建设，任务分工与安排； (3) 负责工程造价信息化基础标准、国家标准、强制性标准的建设； (4) 利用行政管理、政策制定等手段推动技术标准实施
2		地方政府建设行政管理机构	参与者、建设者、推动者	(1) 受邀参与工程造价信息化基础标准、国家标准、强制性标准的建设； (2) 负责地方性技术标准建设； (3) 利用行政管理、政策制定等手段推动技术标准在地方实施
3	行业协会	国家协会	核心参与者、建设者、贯彻者	(1) 参与工程造价信息化基础标准、国家标准、强制性标准的建设； (2) 负责协会技术标准、非强制性技术标准的制定； (3) 贯彻、推动各项技术标准的实施
4		地方协会	贯彻者	贯彻、推动国家、地方技术标准的实施
5	企业	工程造价咨询企业	参与者、建设者	(1) 受邀参与技术标准的建设； (2) 负责自身企业信息技术标准的建设
6		建设单位、施工单位	参与者	受邀参与技术标准的建设
7		信息技术开发企业	参与者、技术支持者	(1) 受邀参与技术标准的建设； (2) 提供信息技术专业支持
8	研究机构		研究者、参与者	(1) 承担相关课题研究； (2) 受邀承担、参与技术标准的建设

7.3.3　标准的分类管理

标准化工作是一项复杂的系统工程，标准为适应不同的要求从而构成一个庞大而复杂的系统，为便于应用和管理，我们常常需要对标准进行分类管理。我国《标准化法》从不同的角度和属性将标准分为以下类别：

（1）根据适用范围分为国家标准、行业标准、地方标准和企业标准。

（2）根据法律的约束性分为强制性标准、推荐性标准、标准化指导性技术文件。

（3）根据标准的性质分为技术标准、管理标准、工作标准。

（4）根据标准化的对象和作用分为基础标准、产品标准、方法标准、安全标准、卫生标准、环境保护标准。

工程造价信息化技术标准是一个庞大的标准体系，显然对这些标准应当执行分类管理。标准体系中既应当有国家标准，也有行业标准、地方标准，也鼓励企业建立自己的企业标准；一些标准应该强制推行，一些标准则只应推荐使用，一些标准只属于指导性技术文件；一些标准属于技术标准，一些则属于管理标准；既有基础标准，也有方法标准等。

针对具体标准的分类属性的研究需要在国家完成工程造价信息化技术标准的建设规划，建立了统一分类、权威、规范的工程造价信息化技术标准体系后方可进行。就具体的标准的分类原则而言，课题组提出如下基本观点：

以国家标准、行业标准为主，以地方标准为辅。鉴于加强造价信息在全国范围内的交流和共享是造价信息化发展的核心目的，也为了适应工程造价咨询服务跨地域发展的趋势和要求，造价信息化技术标准无论是推荐性的还是强制性的均应当以国家标准、行业标准为主，以地方标准为辅，尽量减少地方标准的数量。

（1）以推荐性标准为主，以强制性标准为辅。考虑到现实的执行，以及尽可能利用市场力量推动造价信息化建设的方针，造价信息化技术标准应当以推荐性标准为主，以强制性标准为辅。主要造价信息（主要为要素价格信息、计价依据信息、造价指数）的发布、交流和共享标准应当优先采用强制性标准，典型的重要造价信息的概念标准、计算方法标准可采用强制性标准，其他标准应尽可能采用推荐性标准。

（2）强制性标准应由中央政府建设行政管理机构主导、负责建设；推荐性标准、指导性技术文件尽可能应由行业协会或标准定额研究所等研究机构负责建设。

（3）基础类标准的规定应尽可能统一，产品类标准、方法类标准可给出多种方法、多种标准允许使用者选择。

（4）标准的分类属性应当是动态的，随着标准实施环境的变化，行业标准、地方标准有可能上升为国家标准，强制性标准和推荐性标准也可能相互转化，这需要予以动态关注、及时调整。

7.4　本章小结

为了满足工程造价的信息化管理，实现造价信息的交流共享，本章首先明确了工程造价信息的相关概念；其次，对造价信息数据标准、造价信息收集和处理标准、造价信息交流和共享技术标准、工程造价信息化配套技术标准等标准进行相关列举，论证说明工程造价技术标准建设的重要性；最后，迫切需要政府、行业协会、研究机构、相关企业等共同协作，"分阶段、分轻重"地进行标准建设，加快工程造价信息化战略支撑体系的建设步伐。

第8章　工程造价信息化平台建设规划

8.1　工程造价信息化平台的类型

信息化平台是信息的数字化、网络化存在方式，它有两个基本含义：一是信息本身成为信息的载体，即"0－1"二进制系统所表达的信息的数字化存在方式；二是基于数字化网络运行的信息系统。信息化平台的本质是使人类对客观事物的表达由间断趋于连续，使人类思维表达的间断和客观事物本身的连续性之间的矛盾得到了缓解和统一。它可以理解为一个舞台，一个具有很强互动性，供人们进行交流、交易、学习的舞台；一种环境，一种利用计算机硬件和软件，完成特定工作所需要的环境。

工程造价信息化平台是各种工程造价相关信息的数字化、网络化存在方式，是在工程造价行业领域为信息化的建设、应用和发展而营造的环境。工程造价信息化平台是为实现国家、行业、地方工程造价信息互联互通和数据共享，完成建设工程造价信息的收集、整理、分析、加工、上报、发布而开发的信息系统的总称。工程造价信息化平台是造价信息的承载主体，是行业信息化建设的表现形式，是行业信息化发展的重要环节。

工程造价信息化平台既可以服务于行业，也可服务于微观企业、服务于具体建设项目。针对工程造价咨询行业及其企业而言，根据服务对象不同，应建立多元化的工程造价信息化平台，包括面向工程造价咨询行业的行业信息化平台、面向工程造价咨询企业的企业管理信息化平台和面向咨询企业参建项目的项目管理信息化平台三类，细分用户人群，针对性地提供多元化的工程造价信息服务。

8.1.1　工程造价咨询行业信息化平台

行业信息化平台是利用先进的信息技术、计算机技术、网络技术、数据通信技术等建立的，面向行业、服务行业的信息化平台。行业信息化平台为行业管理提供信息并管理行业信息，实现行业管理的规范化、高效化；为行业组织提供信息、分享信息，实现社会资源潜力被充分发挥，组织决策趋于合理化的理想状态。

工程造价咨询行业信息化平台根据平台的主要职能可分为行业管理信息化平台和行业服务信息化平台。行业管理信息化平台强调对行业管理的支持，为政府的行业行政管理和行业协会的行业自律管理提供信息和管理平台；行业服务信息化平台强调对行业内企业、个人、相关组织的信息服务，通过开发、共享信息，促进信息资源在行业内的高效利用。

鉴于行业管理和行业服务信息化平台的职能不同，服务对象存在较大差异，对平台的市场化要求亦不同，为了防止以行政性手段为主的平台建设和运营模式对市场化手段的平台建设和运营模式产生较多干扰，课题组认为应当将行业管理信息化平台和行业服务信息化平台独立建设和运营。

1. 行业管理信息化平台

行业管理信息化平台的主要职能是支持行业管理，为政府的行业管理和行业的自律管理提供管理平台和信息支持，为行业企业、从业人员、利益相关者提供所需的行业信息。根据行业管理的内容，行业管理信息化平台应当包括多个子平台或子系统，这些子平台或者子系统应与行业管理的内容相对应，主要可包括政府主导的行业行政管理中的企业资质管理系统、个人执业资格管理系统，包括政府及行业协会对行业的监督与服务系统，包括工程造价政策法规系统和工程造价标准规范系统等，如图8-1所示。

图8-1 行业管理信息化平台

（1）企业资质管理系统：通过科学的用户权限管理，为行业利益相关者提供企业信息录入、查询、资质申请、数据上报、审批、发布等的资质管理系统平台。

（2）个人执业资格管理系统：通过用户权限管理进行个人信息录入、造价专业人员或造价师资格查询、资格注册、延续注册、单位变更、执业人员继续教育等。

（3）行业监督与服务系统：该系统可分为政府的和行业协会的行业监督与服务系统。政府的行业监督与服务系统为政府主管部门提供违法违规行为查处、不良行为记录等行业监督管理平台；协会的行业监督与服务系统为协会及行业内企业提供行业自律管理、优秀企业评选、信用综合评价等行业监督管理平台。

（4）工程造价政策法规系统：通过对法律、行政法规、地方规章、部门规章，以及各种政策性文件等的汇总和分类，形成工程造价政策法规信息系统，造价工作者可通过不同的检索方式，如信息类别、信息发布部门、信息发布时间等进行查询。

（5）工程造价标准规范系统：该系统为用户提供系统、全面的工程造价标准规范，使造价工作者有章可依，有规可循。既包括政府部门发布的工程量计算规范、清单计价规范等国家、行业标准规范，也包括行业协会发布的工程造价鉴定规程、概预算深度要求等行业协会标准。

2.行业服务信息化平台

造价管理工作需要大量造价信息作为支撑，因此将各类造价信息进行集成，建立行业服务信息化平台，是行业信息化发展的必然趋势。在造价工作中不仅需要计价依据和人材机价格信息，造价指数指标和已完工程案例也为造价工作提供了必不可少的参考。这些造价信息虽然种类不同，但它们均属于微观层面上的造价信息，有别于宏观的造价管理。因此行业服务信息化平台应将微观层面上的造价信息进行汇总、加工，形成以计价依据系统、人材机价格信息系统、造价指标系统、造价指数系统、已完工程案例系统为主要内容（图8-2）的信息化平台，该平台可通过链接的方式获取行业管理平台中的工程造价政策法规系统、工程造价标准规范系统，以提高信息利用效率，节约社会资源。

图8-2 行业服务信息化平台

（1）工程计价依据系统：就当前而言，工程计价依据包括国家和行业层级的基础定额和地方建设工程造价管理机构发布的各类计价定额（包括预算定额、概算定额、估算指标、费用定额等）、取费文件等。就未来而言，如前述观点，定额等计价依据的编制与发布并不应当是政府在工程造价信息化建设中的主要职能，而行业协会、相关研究机构应当是定额的主要编制与发布机构，个别大型企业亦有可能成为某专业领域的包括定额在内的专业化信息服务提供者。行业服务信息化平台中设置工程计价依据系统模块，可向行业内企业、个人、相关组织提供定额信息服务，促进定额信息资源在行业内的高效利用，降低定额使用成本。开发面向全行业的工程计价依据系统不仅可以扩大定额的使用范围和使用群体，发挥定额作为数据库、信息库的价值，节约社会资源，还有利于在定额信息服务市场引入市场竞争机制，通过市场的力量鼓励不同主体主导或参与定额研究与编制，鼓励专业定额、特种定额的研究与编制，有利于我国工程计价定额体系的完善，提高定额的科学性和准确性。

（2）人材机价格信息系统：该系统为用户提供准确、及时、全面的建设工程市场要素价格参考。人材机价格信息根据信息获取渠道、发布方式等有多种分类，如定额基价、市场信息价、厂商报价、交易中心交易价格等，系统应明确所提供的人材机价格信息的种类和信息获取渠道等，以提高信息的参考价值和准确程度。人材机价格信息是工程造价信息中最应该及时动态更新、快速响应市场变化的信息，在人材机价格信息的服务上也最应该体现市场机制的力量，建立信息发布机构、信息提供者、使用者之间的合理的利益共享机制。

（3）造价指标系统：造价指标是在对众多项目特定指标进行分析总结后的提炼，通常是以整个建筑物和构筑物为对象的一种控制性指标，是估价、报价、评标和对各种造价审核的参考依据。造价指标主要包括总造价指标（如：单方总造价指标、单方费用构成指标等）；单位工程造价指标（如：单方单位工程造价指标、单位工程造价占总造价百分比指标等）；分部分项工程造价指标（如：单方分项工程造价指标、分部分项工程造价占总造价百分比指标等）；措施项目造价指标（如：单方措施项目造价指标、措施项目造价占总造价百分比指标等）；主要分部分项工程量指标（如：单方分部分项工程工程量指标、分部分项工程量相互关系指标等）；主要工料机指标（如：单方工料机消耗量指标、单方工料机价格指标、工料机消耗量与分部分项工程关系指标等）。造价指标的作用贯穿了工程建设的全过程，造价指标是工程造价宏观管理、决策的基础；是编制、审查、评估项目建议书、可行性研究报告投资估算，进行设计方案比选，编制设计概算，投标报价的重要参考；可以为承包商估算人工、材料、机械消耗量，编制企业定额，合理安排施工组织提供参考；还可以为建设单位估算各期工程造价以合理制定筹资计划提供依据。

（4）造价指数系统：造价指数是用来统计研究由于价格变化对工程造价影响程度的一种分析方法和手段，反应报告期与基期相比的变动趋势。造价指数是研究工程造价动态性的一种重要工具，说明不同时期单项价格和综合价格的相对变化趋势和变化幅度。造价指数分为单项价格指数和综合造价指数。单项价格指数是反映人工、材料、施工机械及主要设备报告期对基期价格的变化程度，如：人工价格指数、主要材料价格指数、机械台班价格指数、主要设备价格指数等；综合造价指数是综合反映分部分项工程、单位工程、单项工程和各类建设项目因人工、材料、施工机械使用费等价格变化而对其造价的影响程度，如：分部分项工程造价指数、措施费造价指数、单位建筑安装工程造价指数等。造价指数是研究造价总水平变动趋势、变动程度及变动原因的主要依据；是工程承发包双方进行工程估价和价款结算的重要依据；是解决已建工程造价信息静态性的重要工具。

（5）已完工程案例系统：已完成案例是以特定工程为对象的案例再现，通过对各类典型已完工程案例的汇集，向用户提供全面的工程案例信息，包括工程概况、项目特征、经济指标、费用构成、工料指标等内容，为业主投资决策提供参考，为造价工作者的工作提供参考。

8.1.2　造价咨询企业管理信息化平台

企业管理信息化平台是将信息技术与企业管理理念相融合，转变企业生产经营方式、组织管理方式，整合企业内外部资源的操作平台和信息系统。通过该平台把企业生产经营的各个环节集成起来，共享信息资源，提高企业工作效率、支撑企业战略决策。

造价咨询企业属于智力密集型企业，以造价信息为依托，向客户输出知识服务、信息服务。依托企业管理信息化平台不仅可以实现企业内部工作高效协同、资源共享，提高企业管理水平，降低运营风险；更可以从大量的造价业务中，积累项目数据资料，建立企业内部的数据库、知识库，为员工提供数据支撑、知识支撑，提高企业服务水平，最终达到提高企业核心竞争力的目的。

参考报告第 2 章所述的工程造价咨询行业信息化发展演变过程，根据当前企业管理信息化发展程度，可将造价咨询企业管理信息化平台由下至上划分为基础设施平台、企业管理基础 / 专项应用平台、企业管理高级 / 扩展应用平台以及企业管理平台集成四个层级，如图 8-3 所示。

1. 基础设施平台

基础设施平台是企业信息管理需要的基础设施和信息系统，是建立企业信息管理平台的前提，包括计算机网络和硬件平台。在该层级，企业应用网络技术将企业信息连成整体，组建局域网为提高企业管理集约化水平奠定基础。

企业管理平台集成	企业管理应用平台集成、信息资源全方位集成						
企业管理高级/扩展应用平台	资源规划系统（ERP）	全过程业务管理系统	企业知识管理系统	云计算	可视化工程管理	大数据/数据挖掘	...
企业管理基础/专项应用平台	专业基础应用软件（估价软件等）	企业信息门户（EIP）	办公自动化系统（OA）	财务管理系统（EFM）	人力资源管理系统（HR）	客户关系管理系统（CRM）	...
基础设施平台	计算机网络、硬件平台						

图 8-3　工程造价咨询企业管理信息化平台

2. 企业管理基础/专项应用平台

　　企业管理基础/专项应用平台是将企业信息化管理系统中的较容易建立的通用性、专项性的功能提取出来而形成，主要包括专业基础应用软件（如估价软件等）、企业门户网站、办公自动化系统、财务管理系统、人力资源管理系统，以及客户关系管理系统等。该类平台的主要目的是借助计算机的高速处理能力，能够使信息处理和信息交流的速度大为加快，减少传统管理模式下大量的手工处理作业，提高企业办公效率。在该层级，企业的信息化基础设施较完备，信息化应用水平较高，企业员工运用现代技术的能力较强。

3. 企业管理高级/扩展应用平台

　　企业管理高级/扩展应用平台的建立相比于企业管理基础/专项应用平台更为注重信息的动态采集、加工、分析、存储，实现信息的动态管理；协助企业建立资源库、数据库和信息库，为管理决策提供及时全面和可靠的信息，提高管理人员的决策水平；提升企业的业务水平，增强在行业中的竞争力。企业管理高级/扩展应用平台包括资源规划系统、全过程业务管理系统、知识管理系统、云计算、可视化工程管理系统、大数据/数据挖掘等。在该层级，企业的信息化水平较高，不仅能够对经营战略、业务流程进行优化，并且使用了大型信息化系统如云计算、可视化工程管理、大数据等高端技术，降低企业运营成本，为企业提供可靠、安全的数据储存中心，协助企业快速准确的作出决策，以提高企业在市场中的竞争力。

其中，全过程业务管理系统，是将所处理的造价业务进行全过程管理，包括造价业务的进度管理、质量管理、成本管理、合同管理等。以项目为主线，通过项目名称，可快速查看该项目主要相关信息，如项目基础信息、委托方联系人、应收已收账款、委托方资料、项目进度、成果文件以及审批意见信息、合同信息等。知识管理系统是当今企业最应当重视的环节。通过知识管理可以积累知识资产避免流失，促进知识的学习、共享、培训、再利用和创新，有效降低组织运营成本，强化企业核心竞争力的管理方法。在建筑与房地产行业，龙湖、万科等知名地产企业均重视并积极实践知识管理。对于造价咨询企业，企业应充分利用内部的大量已完工程案例，建立企业内部的造价信息资料（如：造价指标、造价指数、计价信息、计价方法等），供企业内部员工参考使用，成为企业内部最宝贵的财富。

4. 企业管理平台集成

企业管理平台集成是一个功能全面的，实现企业日常管理、业务流程、决策支持等的各种功能的集成化、信息化平台。企业管理平台集成并不意味软件系统的重新开发，而是通过数据的标准化、处理，将各个应用软件系统集成到统一的平台上，打通各软件系统中的数据障碍，使数据互联互通、交流共享。

8.1.3　工程项目造价管理信息系统

　　工程项目造价管理信息系统，是以项目为对象，以成本管理为中心的全过程工程项目数据管理系统。该信息管理系统可在项目层面上加快各部门之间的业务数据传递速度，增强业务管理的透明度，达到信息数据资源共享，解决传统项目造价管理中的目标不统一、过程割裂、信息遗失等弊端，协助造价工作者提高造价管理水平，取得项目造价管理的成功。

　　工程项目管理包括进度、质量、成本、资源等多项管理，需要不同的管理信息系统完成相应的管理工作。工程项目管理信息系统应包含多类管理信息系统，各管理系统中的数据可交互共享，辅助工作人员进行工程项目管理。工程项目造价管理信息系统是工程项目管理信息系统中的子系统之一，服务于成本合约管理职能，如图 8-4 所示。

　　工程项目造价管理系统应涉及项目的投资决策、规划设计、招投标、施工以及竣工的各个阶段，是基于作业过程控制的全生命周期工程项目

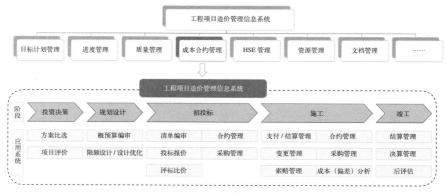

图 8-4　工程项目造价管理信息系统

造价管理信息系统。建设单位、施工单位、设计单位、咨询单位可以在工程项目造价管理系统这一统一的信息化平台上协同工作，促进各参与方信息共享和交流，进行以成本管理为核心的造价管理工作。

投资决策是项目建设的最初阶段，是选择和决定投资行动方案的过程，需要使用项目评价系统和方案比选系统，对拟建项目进行技术经济论证，并对不同方案进行比较，进而作出判断和决定。

规划设计阶段的造价管理对建设工期、工程造价、工程质量及建成后能否产生较好的经济效益和使用效益，起着决定性的作用。准确的计量计价对后期建设成本起着重要的作用，需要概预算编审系统和限额设计 / 设计优化系统辅助造价工作者进行规划设计阶段的造价工作。

招投标阶段涉及开标、投标、评标、中标、签订合同五个环节，需要进行清单编审、投标报价、评标比价、合约管理以及采购管理等造价工作，应由相对应的应用系统配合进行造价管理。

施工阶段是资金投入最大的阶段，需要在施工过程中严格进行工程预付款管理、工程变更费用控制、进度款结算管理，并进行成本偏差分析，以及协助业主进行合约管理和采购管理。

竣工阶段需要进行结算与决算工作，以及项目的后评价，需要结算系统、决算系统以及项目后评价系统进行相应的造价工作。

目前，市场上存在各种造价管理软件，它们在一定程度上提高了项目管理信息化水平，然而，工程项目造价管理信息系统并不是简单地购买一些造价管理软件就可以实现。工程项目造价管理信息系统的建立可基于 BIM 技术，以企业数据库为支撑，将各单项应用系统进行集成。通过工程项目造价管理信息系统使各应用系统互联互通，服务于项目全寿命周期的各个阶段的造价管理职能，实现造价管理工作的信息共享、协同管理，以及数据库数据的积累。

8.2 各类工程造价信息化平台建设运营模式研究

如前所述，信息化平台是一个具有很强互动性，供人们进行交流、交易、学习的舞台，是一种利用计算机硬件和软件，完成特定工作所需要的环境。工程造价咨询行业、企业、项目层级推进信息化发展均离不开信息化平台的建设，没有信息化平台，信息化发展就缺少了舞台和发展的环境。然而信息化平台的建设不仅仅是平台自身的技术问题，更是涉及投资、运营等核心问题，投资、运营模式的科学定位与选择将决定平台作用能否发挥，平台运营能否高效持久。各类平台建设主体分别是谁？政府在各类信息化平台建设和运营中所起的作用分别是什么？是应该建立全国统一的行业管理、服务信息化平台，还是应该建立各具特色的不同信息化平台？信息化平台建设应当依靠市场机制推广或是依靠行政推动？这类问题的回答均需要对各类工程造价信息化平台建设运营模式进行研究、对比，这是课题研究的重要内容。

工程造价信息化平台建设与运营涉及的内容较多、范围较广、周期较长，平台的建设与运营不仅需要基础硬件设施的支撑、配套软件系统的建设，更需要各类数据资源的整合。为确保信息化平台的成功建立和可持续发展，应首先明确平台建设运营基本流程，在此基础上，再来对平台的建设运营模式进行研究。

8.2.1 工程造价信息化平台建设运营基本流程

工程造价信息化平台的建设是一项系统工程，不是一蹴而就形成的。无论是行业信息化平台、企业管理信息化平台，还是工程项目造价管理系统，它们的建设运营都必须统一规划、整体考虑、分步骤有计划地进行，信息化平台的建设运行是一个渐进、动态、持续改进和提升的过程。

美国管理信息系统专家诺兰曾通过对 235 个公司、部门发展信息系统的实践和经验的总结，提出了著名的信息系统进化的阶段模型，即诺兰模型。结合诺兰信息系统进化阶段模型，信息化平台建设运营基本流程可归纳为五个环节（图 8-5）。

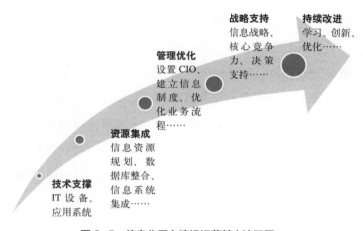

战略支持
信息战略、核心竞争力、决策支持……

持续改进
学习、创新、优化……

管理优化
设置 CIO、建立信息制度、优化业务流程……

资源集成
信息资源规划、数据库整合、信息系统集成……

技术支撑
IT 设备、应用系统

图 8-5　信息化平台建设运营基本流程图

1. 技术支撑

技术支撑主要从信息技术的角度开展，通过购买 IT 设备，开发应用系统等达到工程造价信息化平台建立的硬件基础，进而实现造价工程数据资料的数字化，以促进信息资源的有效利用。这个阶段硬件设施基本完善，但数据库尚未建立，各个终端还处于独立状态，形成了一座座信息孤岛。还需要完善数据资源，进而有效地利用各种相关造价信息。

2. 资源集成

资源集成的重点是有效组织各类造价信息资源，通过对信息资源的规划，重点投入造价信息数据库整合以及信息系统集成，以实现工程造价相关信息的共享，提高组织整体运作效率。在这个阶段，信息技术带来的效率上的提高初步显现出来，但还缺乏进一步的组织管理。

3. 管理优化

管理优化主要突出中层管理与组织内部业务流程的整合。在组织管理方面建立信息制度，设置首席信息官（CIO），保证信息安全，促进组织结构扁平化；在组织业务方面，把信息技术与管理模式结合，使组织内部的信息流、资金流、业务流等"各流合一"，进而提升整体运作效率。

4. 战略支持

战略支持主要突出高层管理和组织内部与外部业务的整合。建立组织工程造价行业信息战略规划，使信息战略与业务战略相一致，以达到支撑工程造价咨询行业发展、造价咨询企业业务战略等目的。通过工程造价行业信息化建设，强化自身实力，组织与上下游伙伴进行资源整合。

5. 持续改进

工程造价信息化平台的建立不是一个最终状态，而是一个持续改进的过程。持续改进，需要通过学习、治理、创新不断对信息化平台进行优化和完善，以期适应造价行业的变化。随着时代的发展，与造价行业相关的各类应用系统会不断推陈出新，这就要求造价信息化平台通过持续改进，承载新兴的应用系统，应对市场的变化。

8.2.2 工程造价信息化平台的建设运营模式分类

信息化平台建设运营模式研究需要通过对投资、建设、运营等方面的探索，寻找合适的模式，促进平台信息流通，提升管理水平，使平台取得良好的经济效益和社会效益。不同类型的工程造价信息化平台适用的建设运营模式有所不同，为了分析各类工程造价信息化平台的建设运营模式，需要先对平台的建设运营模式进行分类和归纳，甄别各类建设运营模式的特点，在此基础上，再来分析各平台适用的建设运营模式。

　　信息化平台的建设运营需要进行"谁投资建设、谁运营管理、何种盈利模式、信息如何生成"等研究。信息化平台的建设运营模式会因分类标准的不同，而产生多种不同的建设运营模式。投资运营模式可根据投资模式、运营模式、盈利模式、生产模式将信息化平台建设运营模式进行分类，见表8-1。

信息化平台建设运营模式分类　　　　　　　　　　表8-1

分类标准	建设运营模式	特点
投资模式	政府独资	由政府单独出资，资金主要来自中央及地方政府的财政拨款
	社会资本独资	由社会机构出资，资金来源包括：行业协会、企业和个人
	联合投资	政府和社会机构联合出资，政府主要通过财政投资、财政补助、政策性金融等方式，与社会机构联合投资
运营模式	独立运营	由平台投资者独立进行平台的运营管理
	委托运营	平台投资者委托第三方进行平台的运营管理，投资者也可协助管理
盈利模式	纯公益性	平台向社会公众免费提供基础性、普遍性和公益性的信息服务，进行非盈利性社会应用服务
	公益性为主，盈利性为辅	平台日常运营管理所需费用以政府补贴为主，以增值收益为辅
	盈利性为主，公益性为辅	平台日常运营管理所需费用以增值收益为主，以政府补贴为辅
	纯盈利性	平台日常运营管理所需费用主要来源于增值收益，即在政府的监督下，通过市场运作手段为企业或个人提供增值服务获得收益
生产模式	原创信息	通过信息化平台发布或生产出来的第一手信息，如行业管理信息化平台中的资质信息公布、企业内部的工程案例等，信息的权威性较高
	汇集信息	利用市场、行政等手段，通过链接、转载、直接发布等方式，对市场上各类造价信息，如计价依据、人材机价格等，进行汇集、发布
	再加工信息	对汇集或原创的工程造价信息，利用信息化平台进行加工得到的新信息，如造价指数、指标等。再加工信息的准确性受初始信息影响较大，信息的科学性受采用计算方法的影响较大

8.2.3　工程造价咨询行业管理信息化平台的建设运营模式

工程造价咨询行业管理信息化平台以协助政府进行行业管理为主要目的，以企业资质管理系统、个人执业资格管理系统、行业监督与服务系统为主要内容，以市场准入管理、行业准则和信用评价为核心。政府行业管理机构可通过该平台进行工程造价咨询行业的行政审批、监督检查，并向全行业公布相关行业、企业、注册执业人员的信息。就平台运行所需要的信息而言，由于是行业管理部门在使用和管理，因此信息的获取难度不大，但对信息的准确性、权威性和安全性要求较高。

由于行业管理信息化平台主要是为了满足政府行业管理的需要，且为了确保行业管理信息化平台及其数据库的安全与可靠，完全对接政府行业管理目的，行业管理信息化平台应由政府投资建设，并由政府行业管理部门主导平台的运营和管理，行业协会可以辅助政府行业管理部门进行行业监督与服务系统的运营，推动行业自律管理。

我国应建立一个全国统一的工程造价咨询行业管理平台，该平台应由国家工程造价咨询行业的行业主管部门住房和城乡建设部统一建设和管理，中国建设工程造价管理协会作为代表行业的全国性行业组织，辅助政府行业管理部门进行行业监督和服务。各级地方政府建设行政管理部门和地方建设工程造价管理协会通过身份认证，在统一的平台下进行地方的工程造价行业行政管理和监督服务。政府可利用现有各地造价站官方网站，快速进行行业管理信息化平台的建设，形成一个自上而下的覆盖各个地方的行业管理信息化平台。

行业管理信息化平台既是一个面向行业管理机构和行业协会管理人员以履行管理行为为目的的信息化平台，又是一个面向全国、全行业的公益性信息查询平台，可引导行业内部良性竞争、健康发展。因此行业管理信息化平台的运营应坚持公益性的特点，平台中的信息数据应主要来自于政府管理机构和行业协会在管理行为中产生的原始信息，以保证信息的公正性和权威性。

8.2.4　工程造价咨询行业服务信息化平台的建设运营模式

工程造价咨询行业服务信息化平台以辅助造价人员完成造价工作为主要目的，以计价依据系统、人材机价格信息系统、造价指标系统、造价指数系统、已完工程案例系统为主要内容。

相比行业管理信息化平台，行业服务信息化平台更强调以市场化的模式服务行业，通过服务行业，促进社会信息资源的高效利用，提高行业生产效率。

基于服务市场的角度，是应该建立一个全国统一的行业服务信息化平台，还是应该建立各具特色的不同的行业服务信息化平台，这本是一个应该由市场决定的问题。至少从以下两个角度考虑，我们认为应该也需要建立一个能够覆盖全国、信息内容全面的行业服务信息化平台。

一是，加大行业信息的汇集力度，有利于减少信息化平台建设中存在的各自为政、重复建设、信息缺失或信息冗余现象，促进社会信息资源的高效利用。

二是，伴随我国社会经济体制改革的不断深化，行业壁垒、地方壁垒将被逐步消除，更加开放、统一的工程造价咨询市场将得以建立，这使得广大造价咨询企业及造价管理从业人员的造价信息需求通常也是跨行业和跨地域的。

建立一个能够覆盖全国、信息内容全面的行业服务信息化平台，并不反对或阻碍专项的行业服务信息化平台的建立。在行业服务信息化平台的发展中，一些研究机构、企业依托自己或整合的力量，遵循市场经济规律，建立更加专业的、针对性强的信息化服务平台，面向特定行业或一定范围提供更为专业、及时的信息服务，这本就是以市场化力量推动行业信息化建设的优势和特点，也是建立与市场经济相适应的工程计价与管理体系的重要举措。

因此，我国工程造价咨询行业的行业服务信息化平台既包括一个覆盖全国、信息内容全面的行业服务信息化平台，也需要多个专项的行业服务信息化平台。覆盖全国、信息内容全面的行业服务信息化平台追求信息的全面汇集和信息资源的高效利用，是行业服务信息化的主导平台；而专项的行业服务信息化平台强调平台的专业性，面向特定行业或一定范围提供更为专业、及时的信息服务，它是行业服务信息化的特色平台、补充平台；覆盖全国、信息内容全面的行业服务信息化平台和专项的行业服务信息化平台在信息化服务市场中相互促进、相互支持，协调共进，只有覆盖全国、信息内容全面的行业服务信息化平台内容越全面、功能越完善，专项的行业服务信息化平台才能越专业、越具特色。

1. 覆盖全国的行业服务信息化平台

覆盖全国的、信息内容全面的行业服务信息化平台，可称为"中国建设工程造价信息化服务平台"，包括工程造价计价依据系统、人材机价格信息系统、造价指标系统、造价指数系统、已完工程案例系统等系统，平台涉及造价信息种类多，信息的搜集、整理、加工较为专业和复杂。每类造价信息均需要相应的造价信息数据库支撑，信息库发挥作用需要长时间的数据积累，是一项复杂系统的工作。鉴于企业通常并不具备整合复杂社会资源以获取足量信息的能力，且全面的行业服务信息化平台的建设需要较大投资，投资的回收周期亦较长，因此该平台的建设和运营应当依托政府行业主管部门和行业协会、具有政府背景的行业信息研究机构等组织的力量，应当由能够独立运行、能够对接市场的行业协会组织、行业信息研究机构等在政府的政策、资金支持下投资建设。考虑到我国已建立有由住房城乡建设部标准定额司与标准定额研究所联合主办的"中国建设工程造价信息网（http：//www.cecn.gov.cn/）"，且该信息网的建设目的与主要功能与课题所确定的行业服务信息化平台基本一致，因此应该在该平台的基础上，由住房和城乡建设部标准定额研究所或者中国建设工程造价管理协会作为投资主体，在政府的政策和资金支持下，通过平台功能的完善、市场化的改造，建立覆盖全国的"中国建设工程造价信息化服务平台"。考虑到目前我国各省、直辖市基本均建立有自己的造价信息网或行业管理平台，我们可以将各地造价信息网或管理平台中的行业管理职能模块纳入工程造价咨询行业管理信息化平台的全国统一建设和管理体系，而将各地造价信息网或管理平台中的信息服务职能纳入统一的"中国建设工程造价信息化服务平台"体系，成为该平台的地方子平台，通过地方子平台体现造价信息服务上的地方特色，既实现覆盖全国的行业服务信息化平台的统一规划、建设和运营，又合理通过制度安排促进地方原有造价信息管理机构和人员的市场化转型，实现造价服务针对性和高效性。

就"中国建设工程造价信息化服务平台"的运营而言，遵循市场经济规律，充分体现信息的价值、服务的价值，通过市场力量推动信息的收集、生产和发布，保证信息的质量是市场经济改革的要求，也是我国信息化发展的方向，因此，总体而言，"中国建设工程造价信息化服务平台"的运营应遵循市场规律，以服务求生存，以服务求发展，通过服务获取利益，通过利益调动信息服务参与各方的积极性。但是由于该平台是行业服务信息化的主导平台，由行业协会组织、行业信息研究机构等在政府的政策、资金支持下投资建设，肩负着服务行业，促进社会信息资源的高效利用，提高行业生产效率的任务；肩负着通过信息发布，调节市场、调节要素价格、规范行业生产的任务，因此该平台运营中亦应当兼顾公益性和盈利性，在平台建设运营的早期应当坚持以公益性为主，盈利性为辅的模式，在平台建设运营的成熟期应当坚持以盈利性为主，公益性为辅的模式。平台主要通过信息服务收费、会员收费、广告等经营性收入、政府补贴等收入来源进行平台的运营管理，政府补贴费用由多逐渐减少，体现平台由以公益性为主、盈利性为辅的模式向以盈利性为主、公益性为辅的模式的转变。

鉴于信息服务平台建设和运营工作的工作量巨大，而且平台的优化完善、数据挖掘、数据分析、流程优化、平台推广等工作的专业性强，服务性工作多且要求高，因此行业协会组织、行业信息研究机构在进行平台的建设和运营时亦可联合有实力、有信息资源的企业参与，可将系统维护、专业数据收集、数据挖掘、信息增值服务等业务委托相应的专业化公司或机构完成，这些公司或机构包括但不限于网络服务机构、信息技术公司、专业市场调研机构、数据分析机构、大型造价咨询机构和建筑业企业等。

平台中的信息数据来源应体现多样性，以市场为导向的特点，既包括平台及其投资运营管理机构原创的工程造价信息，亦包括通过市场机制向行业内外咨询企业、建设单位、建筑业企业、各类要素交易市场获取的信息，也包括利用平台在汇集原始信息基础上再加工形成的造价信息。平台信息的质量由平台运营管理机构保证，由信息市场的客户检验。

2. 专项的行业服务信息化平台

专项的行业服务信息化平台是企业在建设领域的资源积累和专业沉淀，为行业提供特定造价信息服务。专项的行业服务信息化平台相比于全面的行业服务信息化平台，提供少而精的造价信息服务。平台可能仅包含一种或几种信息系统，在提供造价信息服务的种类上会有所不足，但信息源于实际工程，贴近市场，是信息准确性的重要保证。专项的行业服务信息化平台可以是单一的材料价格信息平台、设备租赁价格信息平台、已完工程案例信息平台、造价指标信息平台等，可以是企业根据业务中造价数据的积累，建立的企业定额信息平台，也可以是上述若干平台的组合，它是企业专业性的表现，也是造价行业信息市场多样繁荣的表现。

专项的行业服务信息化平台应当采用市场化的建设运营模式，由企业独资建设运营。该平台相比于全国的行业服务信息化平台更能够体现市场需求，更能体现信息服务的专业性。平台的建设主体是多样的，既可以是开发企业、施工企业、咨询企业，也可以是第三方软件开发企业。企业可根据内部业务资源，进行信息的汇总和加工，建立造价信息库，一方面为企业内部提供决策支持，一方面向全行业提供有偿信息服务。政府可提供一定的政策优惠，如减免行政性收费、优先纳入科技型企业、享受税收减免优惠等，或者通过科研项目立项支持的形式对一些具有示范性的，或对行业发展有重要影响的企业信息化建设项目予以资金支持，以促进企业参与行业服务信息化平台的建设，促进造价行业的健康发展。

行业服务信息化平台可参考成功电商经营模式，形成以用户为中心，以网络为支撑，以市场为导向的工程造价信息服务平台，在运营中应注意以下问题：（1）建立用户信息库，明晰用户需求，形成用户主导、用户与信息化平台双向交流为主的服务模式。（2）加强信息技术利用，将远程服务、便捷服务、搜索引擎、动态资信、云计算服务等应用到行业服务信息化平台中，促进服务全面升级。（3）坚持"专而精"的特色化道路，体现自身特色与优势，吸引忠实用户群。

8.2.5　工程造价咨询企业管理信息化平台的建设运营模式

工程造价咨询企业管理信息化平台是以造价咨询企业为服务对象，以促进企业内部工作高效协同，提高企业管理能力，提升企业综合实力为目的的。因此，企业管理信息化平台应具有较强的针对性，能够整合企业的各类信息，结合企业发展和管理实际，提升企业的管理效率和效果。工程造价咨询企业管理信息化平台应由企业独立拥有使用，服务于平台所属企业。因此，平台的投资、建设、运营、维护、升级改造、信息服务等具体工作应采用市场化运作方式由企业投资建设。

工程造价咨询企业管理信息化平台由造价咨询企业进行平台的投资建设和运用管理。企业可通过以下三种方式进行平台的建设：

（1）组建专业团队，自主研发建设。

（2）委托第三方软件公司进行研发建设。

（3）购买市场中成熟的企业管理信息化系统。

政府部门主要起统筹规划、宏观指导以及协调管理的职能，为企业营造宽松和平等的政策环境，完善多元化的配套措施。政府可进行产业引导，开展试点示范，将成熟经验和典型进行推广，鼓励工程造价咨询企业运用信息化的手段加强企业的项目管理和业务管理水平；可提供一定的政策优惠，如减免行政性收费、优先纳入科技型企业、享受税收减免优惠等，或者通过科研项目立项支持的形式对一些具有示范性的，或对行业发展有重要影响的企业信息化建设项目予以资金支持。

8.2.6　工程项目造价管理信息化系统的建设运营模式

工程项目造价管理信息系统是以项目为对象，覆盖项目全寿命周期的参建、运营多方协同的工作平台。该系统旨在促进各方沟通交流、优化业务审批流程、推动信息交流共享,以优化项目资源配置、控制项目成本费用,满足甚至超越项目各方的目标和需求。平台的使用主体包括但不限于建设单位、施工单位、设计单位、咨询单位等。

工程项目造价管理信息系统应由企业独资建设运营,平台的各使用主体均可投资建设工程项目造价管理信息系统,通过商业化的模式供各参与方使用,优化项目信息管理,推动项目成功进行。工程项目造价管理信息系统不仅可以供项目各参与方协同办公,推动项目顺利进行,还可增强企业的业务管理水平,如:造价咨询企业可以通过工程项目管理信息系统,提高企业对项目全寿命周期的造价管理水平,提供企业业务的承接能力,促进企业的发展;建设单位可以通过工程项目造价管理信息系统,使项目各方协同工作,各方信息共享,提高项目业主对项目全寿命周期成本的整体掌控能力,提高业主的项目管理水平;第三方软件开发企业也可以通过专业团队研发工程项目造价管理信息系统,为项目各参与方提供协同工作平台,通过向项目各参与方有偿提供系统使用权限,增加营业收入,扩大业务板块。

目前我国存在大量的国有投资建设项目,针对国有投资建设项目,可由政府进行投资建设,政府作为国有投资项目的业主,可针对国有投资项目的特点,统一投资建设工程项目造价管理信息化系统,节约社会资源,提高政府对项目的全寿命周期的成本管控能力,提升政府的项目管理水平。平台可采用公益性与盈利性结合的盈利模式,一方面向国有投资项目业主提供无偿使用,以提高国有投资项目的造价管理水平;另一方面,向非国有投资项目业主提供有偿使用,促进行业内项目层面的信息化建设,并以增值收益维持系统建设运营开支。

8.3　本章小结

工程造价信息化平台的建设是工程造价信息化建设的外在表现，对工程造价信息化发展具有重要意义。本章首先明确了工程造价信息化平台定义，即工程造价信息化平台是各种工程造价相关信息的数字化、网络化存在方式，是在工程造价行业领域为信息化的建设、应用和发展而营造的环境。在此基础上，本章根据服务对象不同，将工程造价信息化平台划分为行业信息化平台、企业管理信息化平台和项目管理信息系统三类，并进行相应职能的分析和主要内容的阐述。最后，通过对平台的建设运营模式进行分类和归纳，甄别各类建设运营模式的特点，进而分析三类平台适用的建设运营模式，分别对"谁投资建设、谁运营管理、何种盈利模式、信息如何生成"等问题进行研究，以期通过工程造价信息化平台的规划，更好地推动我国工程造价信息化建设。

结束语

世界各国都在致力于本国的信息化建设，尽管起步有早晚，发展程度不尽相同，但都在享受着信息化给国家和社会带来的成果，信息化已成为推进国民经济和社会发展的助力器，信息化水平则成为衡量一个国家或地区现代化水平和综合实力的重要标志。

工程造价的信息化是信息化与传统工程造价行业的融合，是国家信息化建设的有机组成。总体而言，我国的工程造价信息化还处于发展的初级阶段。仍然缺失国家或行业层级专门针对工程造价信息化的发展战略和政策法规；尽管很多地方政府针对工程造价信息的收集、发布、信息员管理、计价依据动态管理和市场调节等内容出台了很多地方规章、政策性文件和数据标准，但是这些规章、文件、标准规范的系统性、完整性、严密性、实施效果等均存在较多问题；我国已经建立了国家级的建设工程造价信息网，几乎所有的省份也建立了地方建设工程造价信息网，这些网站能提供的信息服务、功能设置、运行状态等均存在较大差距，网站间尚无法实现造价信息的共享互通，信息收集困难、准确度不足、全面性不够、深加工程度低等仍是这些网站、平台发展的障碍；工程造价管理软件种类丰富，但一些前沿的信息技术运用情况却不理想；行业仍然非常缺乏工程造价信息化复合型人才，信息化专业人才的行业地位仍然有待提高；工程造价信息化仍然缺乏统一发展、建设规划。

目前，我国工程造价信息化已经具备了良好的发展环境。国家信息化战略为工程造价信息化建设提供基本思想和方向；全球信息化发展趋势为工程造价信息化的推动提供强劲的动力；我国工程造价相关行业的发展规模壮大和工程造价咨询行业市场现状为工程造价信息化创造良好的发展条件；大数据时代的到来为工程造价信息化的发展带来无限契机和挑战。

工程造价信息化的建设应遵循突出目的、统一规划、分工明确等基本原则，在战略支撑体系（组织体系、保障制度体系、技术标准体系、工程造价信息化平台）的支撑下，构建一个由工程造价信息、信息人、信息环境"三位一体"的工程造价信息生态系统，政府、行业协会和企业等各方主体在此系统中获取有价值的信息服务，促进行业内各种资源、要素的优化与重组，提升行业的现代化水平。

组织体系的建设是工程造价信息化建设顺利实施的前提，也是其他体系的制定者和建立者。我国工程造价信息化组织建设虽然具有了一定的基础，但还没有形成完整的体系。工程造价信息化建设组织体系由政府、行业协会、企业、其他机构、个人等主体构成，各主体在实践中存在职责不清、分工不明、各自为政、重复工作等问题，清晰的角色定位和明确的职能分工有利于解决这些问题，并促进工程造价信息化的建设与发展。同时，构建良好的建设主体协同机制可确保组织体系良好运行，工程造价信息化快速、科学、持续建设。

保障制度体系是工程造价信息化建设最根本的保障支撑体系，建立制度体系的根本目的是清除工程造价信息化建设的障碍，为工程造价信息化建设营造良好的实施环境。研究工程造价信息化制度体系之前应清楚认识障碍因素和驱动因素。工程造价信息化建设障碍因素可分为企业内部、外部市场和政府三类，其驱动因素亦可从企业内部和企业外部两个角度进行探讨。根据信息化的障碍因素和驱动因素，课题确定了四类工程造价信息化建设典型保障制度体系：工程造价信息化资金保障体系、工程造价信息化管理制度体系、工程造价信息化法律法规、工程造价信息化标准体系。

技术标准体系是工程造价信息化建设总目标实现的关键环节，也是实现行业内工程造价信息资源高度共享的基础，并为造价信息化平台的建设和运营提供技术支撑。工程造价信息化技术标准体系包括造价信息数据标准、信息收集和处理标准、交流和共享标准等。在全面推进工程造价信息化技术标准的建设之前，我们首先需要统一思想，明确行业应当关注的工程造价指标，明确当前、未来应当纳入行业信息化管理体系的工程造价指标，构建一个统一的工程造价信息分类标准与造价信息清单；应当优先制定主要的或典型的工程类别的工程造价信息数据标准，尤其是数据标准中的概念标准、计算方法标准；在此基础上，才可以在整体规划、统一方法和思路的基础上，并举制定造价信息收集和处理、交流与共享标准。

工程造价信息化平台是工程造价信息化建设的外在表现，也是促进行业、企业、项目的造价信息交流和共享的手段，并为行业内工程造价信息资源的共享提供平台。根据服务对象不同，工程造价信息化平台可划分为行业信息化平台、企业管理信息化平台和工程项目管理信息系统三类，行业信息化平台又可分为行业管理信息化平台和行业服务信息化平台。这些平台都是由一个或者多个子系统集成，这些子系统能实现各自不同的功能，支撑各平台高效运作，而信息化平台的建设不仅仅是平台自身的技术问题，更是涉及投资、运营、生产、盈利模式等核心问题，不同类型的工程造价信息化平台适用于不同的建设运营模式，需根据它们自身的特点来决定其适用的建设运营模式。

综上所述，课题已经初步搭建了整个工程造价信息化的战略系统框架，从组织体系、保障制度体系、技术标准体系、信息化平台四个方面为我国的工程造价信息化建设作出了相应的战略规划，并对造价信息化的目标体系进行了研究，期望对工程造价咨询行业的信息化建设有一定的指导意义，为工程造价咨询行业的健康、可持续发展提供必要的支持。

但是，由于工程造价信息化建设是一项庞大而复杂的系统工程，对其研究也是一个自上而下、循序渐进、逐步突破的过程。本课题旨在从宏观的角度对工程造价信息化发展的战略问题进行规划研究，对于一些具体的问题深入研究非常不足，如：工程造价信息化建设制度保障体系类型研究提出了四大类制度保障体系，还需进一步研究应建立哪些制度及各制度的具体内容；工程造价信息化技术标准体系研究仅对信息化技术标准的规划做了框架式的梳理，还需进一步研究具体应制定哪些标准及具体标准的内容；工程造价信息化平台类型研究仅对各平台及平台的子系统的功能进行了分析，还需进一步研究建设这些平台需要哪些信息技术、如何架构、怎样维护和运营等。这些尚未研究的问题可以是若干独立课题任务，建议行业主管部门和中国建设工程造价管理协会继续积极组织专业力量开展进一步深入的课题研究工作，从而不断推动我国工程造价信息化的建设。

工程造价信息化建设已经引起了社会、行业的广泛关注，具备了良好的发展环境，相信在行业主管部门、行业协会组织及广大企业、研究机构的共同努力下，我国工程造价信息化建设必将进入一个发展的快车道，取得越来越好的效果。

参考文献

[1] 吕发钦，吴佐民．中国工程造价咨询行业发展战略研究报告 [M]．北京：中国建筑工业出版社，2014.

[2] 吴佐民．中国工程造价管理体系研究报告 [M]．北京：中国建筑工业出版社，2014.

[3] 中国建设工程造价管理协会．中国工程造价指数体系与模型构建的研究 [R]．2012.

[4] 庞珊珊．工程造价中的疑难问题与解决办法 [J]．中国政府采购，2011，02：58-61.

[5] 陈华辉．工程造价信息网建设的现状调查与研究 [D]．杭州：浙江大学，2005.

[6] 郝宽胜．工程造价信息网站建设现状与发展方向 [J]．铁路工程造价管理，2013，02：1-4.

[7] 张星魁．谈工程造价的现状与阶段管理 [J]．山西建筑，2012，08：264-265.

[8] 中国建设工程造价信息网 [EB/OL]．http：//www.cecn.gov.cn.

[9] 中华人民共和国住房城乡建设部 [EB/OL]．http：//www.mohurd.gov.cn.

[10] AACE International [EB/OL]．http：//www.aacei.org

[11] American Society of Professional Estimators [EB/OL].

[12] BICS [EB/OL]．Http：//www.bcis.co.uk.

[13] 香港特别行政区政府建筑署 [EB/OL]．http：//www.archsd.gov.hk.

[14] 日本建筑积算事务所协会 [EB/OL]．http：//www.jaqs.jp.

[15] 林炜．香港地区房地产企业工程造价管理模式的几点借鉴 [J]．建筑施工,2007,6.

[16] 戚安邦．日本工程造价管理 [M]．天津：南开大学出版社，2004.

[17] 郝建新．美国工程造价管理 [M]．天津：南开大学出版社，2004.

[18] 王振强．英国工程造价管理 [M]．天津：南开大学出版社，2004.

[19] 维克托·迈尔·舍恩伯格，肯尼斯·库克耶．大数据时代 [M]．杭州：浙江人民出版社，2012.

[20] 吴学伟，任宏，竹隰生．英国与香港的工程造价信息管理 [J]．建筑经济，2007，02：88-90.

[21] 吴学伟. 中国与英国工程造价管理比较研究 [D]. 重庆：重庆大学，2002.

[22] 广联达软件股份有限公司工程信息事业本部. 广联达工程造价信息大数据研究及应用 [M].2014.

[23] 叶海欣，赵冬冬. 日本工程造价的计价依据与计价方法 [J]. 中国新技术新产品，2009，17：229.

[24] 王娜娜，张飞涟. 国内外工程项目造价标准发展的比较分析 [J]. 价值工程，2009，08：94-96.

[25] 赵彬，孙会锋. 云计算在工程造价信息管理中的应用 [J]. 建筑经济，2013，11：49-53.

[26] 刘峰. 互联网进化论 [M]. 北京：清华大学出版社，2012.

[27] 万礼锋. 基于增值的中国工程造价咨询业发展战略研究 [D]. 天津：天津大学，2010.

[28] 杨童. 对我国工程造价信息化建设的设想 [J]. 科学咨询，2013，03：7-8.

[29] 周鹏. 工程造价的信息化管理 [J]. 中外企业家，2013，25：89-91.

[30] 关桂凤. 工程造价信息化管理探讨 [J]. 科技创新与应用，2012，22：218.

[31] 王红帅，蓝荣梅. 关于工程造价管理信息化建设的思考 [J]. 四川建材，2012，38(3)：249-251.

[32] 曾俊. 加强工程造价信息动态管理完善工程造价信息发布机制 [J]. 黑龙江科技信息，2010，06：203.

[33] 邹琼玉. 我国工程造价信息化建设初探 [J]. 科学之友，2012，02：67-68.

[34] 刘云兵. 关于工程造价信息化管理研究 [J]. 改革与开放，2012，5：38.

[35] 何绮红. 关于工程造价信息化建设的思考 [J]. 山西建筑，2008，34 (22)：240-241.

[36] 韩子静. 信息生态系统初探 [J]. 图书情报工作，2008，增2：230-234.

[37] 朱峰. 我国行业协会改革发展研究 [D]. 成都：西南财经大学，2008.

[38] 汪来杰. 论我国服务型地方政府的职能定位 [J]. 社会主义研究，2008，03：99-102.

[39] 张新红. 中国信息化发展面临十大障碍 [J]. 市场引导技术开发与贸易机会，2001，(2)：9.

[40] 李晓东. 我国企业信息化发展的现状、障碍及对策建议 [J]. 数量经济技术经济研究，2001，(1)：22-23.

[41] 杨冰之. 企业信息化的反思与外部障碍分析 [N]. 通信信息报，2004，04.07 A05.

[42] 曾益坤，张琦. 小企业信息化建设的障碍及其对策 [J]. 湖州职业技术学院学报，2005，(2)：8-10.

[43] 陈玉和. 我国中小企业信息化的现状、绩效及现实障碍研究 [J]. 中国管理信息化，

2013，16 (15)：123-125.

[44] 吴瑞鹏，陈国青，郭迅华．中国企业信息化中的关键因素 [J]．南开管理评论，2004，3：74-79.

[45] 张海滨，张杰慧．让三大驱动力早就成熟信息化 [J]．政务办公，2006，80：13-14.

[46] 欧阳峰，李运河．企业信息化关键驱动因素的实证研究 [J]．科学管理研究，2007，25(1)：90-92

[47] 李学军．企业信息化驱动模式与持续优化研究 [D]．北京：北京交通大学，2007.

[48] 陈鹏飞，石洁，陈珍．企业信息化的关键驱动因子分析 [J]．河北企业，2009，04：61.

[49] 田安意．我国企业信息化动力因素及其实证研究 [J]．商业研究，2010，06：84-88.

[50] 伍吉泽．驾驭企业信息化建设的驱动力 [J]．中国核工业，2011，07：48-49.

[51] 阳向军，杨昕，韦沅沁．西部地区企业信息化关键驱动因素的实证研究 [J]．企业经济，2013，04：33-39.

[52] 郭理桥．制度标准体系在建设行业信息化中的作用分析 [J]．中国建设信息，2009，21：52-55.

[53] 刘忠旗．铁路工程造价标准体系的组成及其功能定位 [J]．铁路工程造价管理，2010，04：1-4.

[54] 马红岩，苏开君，侯碧清等．造林建设工程造价标准编制原则与展望的探讨 [J]．广东林业科技，2008，03：95-98.

[55] 刘玲，陈欣．全寿命周期工程造价信息数据共享研究 [J]．建筑经济，2014，01：49-53.

[56] 建设部标准定额司研究所．建设工程工程量清单计价规范宣贯辅导教材 [M]．北京：中国计划出版社，2003.

[57] 王婧婧．企业如何有效收集造价信息 [J]．合作经济与科技，2008，22：60-61.

[58] 高复先．信息资源规划系列（四）数据标准与数据管理 [J]．中国教育网络，2006，11：58-62.

[59] 林良帆，邓雪原．BIM 数据存储标准与集成管理研究现状 [A]．中国土木工程学会计算机应用分会、中国图学学会土木工程图学分会、中国建筑学会建筑结构分会计算机应用专业委员会．计算机技术在工程设计中的应用——第十六届全国工程设计计算机应用学术会议论文集 [C]．中国土木工程学会计算机应用分会、中国图学学会土木工程图学分会、中国建筑学会建筑结构分会计算机应用专业委员会．2012，8.

[60] 李晓钏，牛波．工程造价信息及信息化管理 [J]．西安邮电学院学报，2012，增1：34-37.

[61] 全国造价工程师考试培训教材编写委员会．工程造价确定与控制 [M]．北京：中国计划出版社，2005．

[62] 舒昌俊．建设工程造价信息管理系统集成研究 [D]．武汉：武汉理工大学，2013．

[63] 吴学伟．住宅工程造价指标及指数研究 [D]．重庆：重庆大学，2009．

[64] 余庆薇．工程造价信息的作用及获取途径 [J]．铁道建筑技术，2008，增 1：375-377．

[65] 张翠勤．工程造价指标及指数应用研究 [J]．工程与建设，2010，04：556-558．

[66] 赵辉．工程造价信息管理 web 平台的设计与实现 [D]．长春：吉林大学，2013．

[67] 赵旭初．建设工程造价咨询信息服务体系的构建 [D]．武汉：武汉理工大学，2005．

[68] 范秀丽．大型施工企业多项目管理信息系统研究 [D]．哈尔滨：东北林业大学，2012．

[69] 车锋．大型建设项目管理模式的研究及信息化支撑平台的实现 [D]．济南：山东大学，2005．

[70] 韩天璞．智慧城市建设及运营模式研究 [D]．北京：北京邮电大学，2013．

[71] 刘亚姝．区域物流信息平台运营模式研究 [D]．石家庄：石家庄经济学院，2013．

[72] 王冲．建设项目工程造价管理信息系统构建及运用 [J]．企业经济，2013，02：73-75．

[73] 王朝晖，蔡坚铮．互联网业务平台建设运营分析 [J]．电信科学，2012，08：1-5．